碳中和倒计时丛书

可持续碳中和

陈春艳　段茂盛　郭智源　张彬彬　侯剑　魏红丽　王倩　陈菊芳　何青　翟威锋　**编著**

电子工业出版社·
Publishing House of Electronics Industry
北京·BEIJING

内 容 简 介

本书从全球碳中和目标、中国部分碳中和实践出发，分析了碳中和路径中的关键因素，从区域、组织、产品层面详细介绍了实现可持续碳中和的关键路径；遵循碳中和承诺—碳减排—碳抵消的基本框架，重点介绍了重点领域低碳转型的关键技术、碳捕集利用和封存、碳汇等。本书对政府、企业及研究机构的碳中和实施人员在厘清碳中和概念、量化排放、制订减排计划及实施碳中和方面具备一定的指导性。本书适合所有对碳中和议题感兴趣的读者，包括政策制定者、企业决策者、学术研究人员、学生及广大公众。

图书在版编目（CIP）数据

可持续碳中和 / 陈春艳等编著. -- 北京 ：电子工业出版社，2025. 1. --（碳中和倒计时丛书）. -- ISBN 978-7-121-49122-1

Ⅰ. X511

中国国家版本馆 CIP 数据核字第 2024LR5680 号

责任编辑：徐蔷薇

印　　刷：三河市君旺印务有限公司

装　　订：三河市君旺印务有限公司

出版发行：电子工业出版社

　　　　　北京市海淀区万寿路 173 信箱　邮编：100036

开　　本：720×1000　1/16　印张：10.75　字数：224 千字

版　　次：2025 年 1 月第 1 版

印　　次：2025 年 1 月第 1 次印刷

定　　价：68.00 元

凡所购买电子工业出版社图书有缺损问题，请向购买书店调换。若书店售缺，请与本社发行部联系，联系及邮购电话：（010）88254888，88258888。

质量投诉请发邮件至 zlts@phei.com.cn，盗版侵权举报请发邮件至 dbqq@phei.com.cn。

本书咨询联系方式：xuqw@phei.com.cn。

前 言

随着全球气候变化的严峻挑战日益凸显,实现碳中和已成为全球共同的目标和责任。国际社会在气候变化议题上达成一致并通过《巴黎协定》及碳中和目标,各缔约方国家在气候治理上有所努力,但仍与《巴黎协定》目标之间存在差距。中国已经明确提出"碳达峰"与"碳中和"目标,这不仅是对国内经济社会发展的长远规划,也是对全球气候行动的重要贡献。碳中和不仅是一个环境议题,更是一个涉及经济、社会、技术、政策等多个领域的综合性挑战。本书编写团队长期致力于气候变化和能源消费研究与实践,深感有必要将碳中和领域的最新进展分享给公众和读者群体,以促进公众更广泛的理解和参与。

本书旨在提供一个全面的视角,帮助读者理解碳中和的科学基础、政策框架、技术路径和实践案例。全书共分为七章,每一章都围绕一个特定的主题展开。从全球碳中和目标、中国部分碳中和实践出发,第一章主要介绍了国内外碳中和方面的基础知识和政策现状,第二章则深入分析碳中和实现路径之关键问题,揭示碳中和的核心思想。随后的章节依次展开,从区域、组织、产品层面详细介绍了实现可持续碳中和的关键路径,遵循碳中和承诺-碳减排-碳抵消的基本框架,重点介绍了重点领域低碳转型的关键技术,碳汇,碳捕集、利用和封存等,力图揭示实现碳中和的有效途径和策略。

"碳中和"过程既是挑战又是机遇,将带来经济社会的大转型和广泛领域的大变革。实现碳中和意味着通过各种手段确保人类活动不再对大气中的二氧化碳浓度产生净增加,可持续碳中和路径探索是一个多维度、跨学科的领域,涉及技术进步、经济发展、政策制定和国际合作等多个方面,实现这些目标需要全社会的共同努力，包括政府、企业、研究机构和公众的参与。

　　本书适合所有对碳中和议题感兴趣的读者，包括政策制定者、企业决策者、学术研究人员、学生及广大公众。无论你是该领域的专家还是初学者，本书都能为你提供有价值的信息和启发。期待读者能够从本书中获得知识和灵感，也希望本书能够成为你探索碳中和世界的一个有益的起点。

目 录

第一章

碳中和概述

第一节　全球温控目标与碳中和目标

一、《巴黎协定》与碳中和

2015 年 12 月 12 日，《联合国气候变化框架公约》第 21 次缔约方会议于法国巴黎召开，196 个缔约方通过了一项具备法律约束力的历史性协议即《巴黎协定》。《巴黎协定》提出把全球平均气温的升幅控制在和工业化前相比低于 2℃之内，并努力实现 1.5℃之内的目标，并在缔约方的目标设定方式上提出了创新，即各缔约方"自下而上"地提交国家自主贡献（Nationally Determined Contribution，NDC）目标和行动计划，并以每 5 年一次全球盘点的方式促使各缔约方不断提高承诺和行动的力度。《巴黎协定》同时要求，在 21 世纪下半叶实现温室气体源的人为排放与汇的清除之间的平衡。

《巴黎协定》为 2020 年之后全球应对气候变化提供了框架安排，改变了"自上而下"强制分配减排责任的机制，使全球气候治理进入"自下而上"的新模式[1]，是全球气候治理的一个重要里程碑。这一协定凝聚人类保护地球家园的共识，兼顾各国经济社会差异，是指导 2020 年后应对气候变化国际行动的基本纲领。

本节主要阐述为何需要进行碳中和这项事业。本节首先梳理国际气候谈判历程与里程碑事件，阐述国际社会如何逐步在气候变化议题上达成一致并通过《巴黎协定》及碳中和目标；其次说明气候问题存在且与人类活动相关，各缔约方在气候治理上有所努力，但仍与《巴黎协定》目标之间存在差距，

---

1 何建坤.《巴黎协定》新机制及其影响[J]. 世界环境，2016（1）：16-18.

因此需要各国家主体及非国家主体加大减排行动力度。

（一）国际气候谈判历程回顾

纵观国际气候谈判历程，国际气候合作和法律规制大致可以分为以下 5 个阶段。

第一阶段，1992—1997 年的《联合国气候变化框架公约》阶段。1992 年通过的《联合国气候变化框架公约》确立了全球应对气候变化的目标，明确了"共同但有区别的责任"等原则，要求发达国家率先采取行动并向发展中国家提供资金和技术帮助。《联合国气候变化框架公约》正式开启了应对气候变化的国际合作进程，国际社会对合作应对气候变化持乐观态度。

第二阶段，1997—2005 年单方面为发达国家规定减排义务的《京都议定书》阶段。《京都议定书》进一步细化落实具体目标和机制，包括明确发达国家在第一承诺期（2008—2012 年）减排 5.2%的总体目标，并建立三种灵活机制，即国际排放贸易机制（IET）、联合履约机制（JI）和清洁发展机制（CDM）。然而，美国拒绝签署该协议。在此阶段，中国作为发展中国家虽未承担强制减排义务，但需承担一般性的温室气体控制义务，同时还要协助实施《京都议定书》中确立的清洁发展机制。《京都议定书》仅为发达国家缔约方设定量化减排义务具有历史意义，但也成为受到国际社会批评的重要原因，发达国家要求发展中国家加强减排行动的诉求也更加强烈。

第三阶段，2005—2010 年启动"双轨制"谈判的"巴厘路线图"阶段。"双轨制"是指，一方面，签署《京都议定书》的发达国家要履行《京都议定书》的规定，承诺 2012 年以后的大幅度量化减排指标；另一方面，发展中国家和未签署《京都议定书》的发达国家（主要是指美国）则要在《联合国气候变化框架公约》下采取进一步应对气候变化的措施。"双轨制"强调"共同但有区别责任"原则的"责任共同化"，明确发展中国家也须采取力所能及的行动，并初步确立"承诺+评审"的"自下而上"模式。按照"巴厘路线图"的规定，2009 年将产生《哥本哈根议定书》以取代 2012 年到期的《京都议定书》，但是《哥本哈根议定书》最终未能获通过，此后 2010 年《坎昆协议》的法律约束力也不尽如人意。

第四阶段，2011—2019 年的"德班平台"与《巴黎协定》阶段。从 2011 年德班增强行动平台进程启动，到 2012 年《京都议定书》多哈修正案通过，再到 2015 年达成的适用于所有《联合国气候变化框架公约》缔约方的、具有里程碑意义的《巴黎协定》，国际应对气候变化的合作模式和机制得到进一步发展，包括明确全球尽早达峰、通过第一轮周期性评审增加向 1.5℃努力的目标、建立绿色气候基金（GCF）、提出国际碳市场合作（ITMO）和可持续发展机制（SDM）等。《巴黎协定》是《联合国气候变化框架公约》下，继《京都议定书》后第二份有约束力的气候协议，它对减缓、适应、资金、技术、能力建设、透明度和全球盘点等各要素作出了平衡的安排，并要求所有缔约方作出国家自主贡献，这改变了《京都议定书》通过谈判为发达国家设立量化减排目标而发展中国家不承担量化的减排模式[1]。《巴黎协定》所确立的减缓新机制主要体现在：确立"温升控制在 2℃的基础上向 1.5℃努力"的全球长期目标、以预期国家自主贡献（INDC）为基础、坚持"共同但有区别的责任"原则、实现多方共赢等。与此同时，为了响应 2℃及 1.5℃目标，增加目标的可实现性，IPCC 在 2014 年发布的第五次评估报告[2]中大量研究了实现 2℃目标的减排路径，随后为了响应《联合国气候变化框架公约》的要求，进一步于 2018 年发布《全球温升 1.5℃特别报告》[3]。《全球温升 1.5℃特别报告》提出实现 1.5℃在目标技术上可行，比 2℃温升能较大降低气候风险和负面影响，并且总体上有利于实现联合国 2030 年可持续发展目标（Sustainable Development Goals，SDGs）。但是，实现 1.5℃目标需要更加紧迫的减排进程，全球碳排放尽快达到峰值并开始快速下降，其他温室气体实现深度减排，其成本也比实现 2℃目标要增加很多。

第五阶段，2020 年以后的《巴黎协定》全面实施阶段。《巴黎协定》制定了 21 世纪下半叶实现温室气体源的人为排放与汇的清除之间的平衡的目标，即全球碳中和目标。《巴黎协定》为 2020 年以后的全球应对气候变化行动方案作出了安排，是全球治理模式和理念的一个重要转折。同时，2020 年是各缔约国约定更新国家自主贡献方案并通报 2050 年低温室气体排放发展战略的关键之年。《巴黎协定》规定，应定期总结本协定的执行情况，以评估实现本协定宗旨和长期目标的集体进展情况（称为全球盘点）。从 2023 年开始第一次盘点，此后每五年进行一次。盘点结果将显示全球减排进展及各国 INDC 目标与实现全球长期目标排放情景间的差距，为各方提供信息，以进一步促使各方更新和加强其 INDC 目标及行动和资助的力度，促进加强国

---

1 SHERIFF G. Burden Sharing under the Paris Climate Agreement[J]. Journal of the Association of Environmental and Resource Economists, 2019, 6(2): 275-318.

2 IPCC. AR5 Climate Change 2014: Mitigation of Climate Change[M/OL]. New York: Cambridge University Press, 2014[2023-11-02].

3 IPCC. Special Report: Global Warming of 1.5℃[R/OL]. IPCC, 2018[2023-11-02].

际合作。未来，国际社会在应对气候变化合作进程中将不断增强行动力度，强化自主贡献目标，共同为全球应对气候变化进程作出更大贡献。

（二）亟须国家主体及非国家主体共同为《巴黎协定》目标努力

虽然各缔约方共同通过了《巴黎协定》中全球温升控制目标，然而，根据多方权威国际组织的报告及学术研究，目前气候问题严峻，全球温升实际数据与《巴黎协定》目标存在较大差距，因此国家主体及非国家主体等各相关方需要继续作出更大努力。

首先，气候问题严峻且人类需要为之负责。2023 年 3 月，政府间气候变化专门委员会（IPCC）最终确定了第六次评估报告（AR6）的综合报告《2023 年气候变化：综合报告》[1]，指出人类活动无疑导致了全球变暖，且主要通过温室气体排放；且全球变暖的加剧将带来多重危害。世界气象组织（WMO）发布的《2022 年全球气候状况报告》[2]也指出，2022 年全球平均温度比 1850—1900 年工业化前平均温度高出 1.15 ± 0.13℃，很可能使过去的八年成为有记录以来最热的八年。

其次，各缔约方在气候问题上有所努力但仍不充分。联合国环境规划署（UNEP）发布的《2022 年排放差距报告：关闭之窗——气候危机要求社会迅速转型》[3]指出，全球范围内气候变化的影响日益严重，然而目前国际社会仍与《巴黎协定》目标有差距。因此，需要进行紧急的全系统转型以预防气候灾难。IPCC AR6 综合报告[3]也认为高信度下最佳估计短期内全球温升将达 1.5℃，且已实施政策的预计排放量与国家自主贡献的预计排放量之间存在差距，资金上也未到达使得所有部门和地区完成气候目标的水平。学术界也有类似结论，2023 年的一项研究指出，即使各国在 2021 年《联合国气候变化框架公约》第二十六次缔约方大会（COP26）上作出的承诺兑现，也仅能将全球平均温升限制在 2.4℃至 2.8℃之间，难以达到《巴黎协定》目标[4]。所幸的是，国际社会也于最近几年加大应对气候变化行动力度，一定程度上减缓了气温问题的恶化，也说明了减排行动具有一定有效性。例如，根据

---

1 LEE H, CALVIN K, DASGUPTA D, et al. Climate Change 2023: Synthesis Report[R/OL]. First. Geneva, Switzerland: Intergovernmental Panel on Climate Change (IPCC), 2023: 1-184[2023-10-31]。

2 WMO. State of the Global Climate 2022[R/OL]. (2022-11-08)[2023-10-11].

3 UNEP. Emissions Gap Report 2022[R/OL]. UN Environment Program, 2022[2023-10-11].

4 MASLIN M A, LANG J, HARVEY F. A short history of the successes and failures of the international climate change negotiations[J/OL]. UCL Open Environment[2023-10-31].

UNFCCC 最新公布的《2022 年国家自主贡献综合报告》[1]，74%提交或更新 NDC 的缔约方都加强了其到 2025 年或 2030 年减少或限制温室气体排放的承诺，表明各国响应了《气候公约》的相关呼吁，展示出各国更强的气候雄心；且考虑到最新的 NDC 实施，全球排放量可能在 2030 年前达峰，达峰可能性比报告前一版本（2016 年版本）更高。当然，该报告也指出，尽管 INDC 有所增长，但根据最新 NDCs 和 IPCC 情景，到 2030 年的排放水平的绝对差异是相当大的。这说明自 2021 年 COP26 大会后，各缔约方提振应对气候变化雄心，越发重视气候问题，但国际社会仍需更全方位的减排行动。

综合前两点可以得出，如果想要实现《巴黎协定》目标，亟须国家主体及非国家主体同时采取有效措施。更多国家需要制定符合《巴黎协定》的长期战略；且各国更新的国家自主贡献需要与净零排放目标保持一致[2]。各国应遵照《巴黎协定》目标和原则，加强国际合作行动，激励各方强化自身行动力度，大幅度强化和更新各自 NDC 目标和行动力度，激励各国增强应对气候变化雄心，推动《巴黎协定》全面、平衡和有效地落实。

除了国家主体的行动，非国家主体的行动也非常重要。非国家主体是指来自民间社会的各种非政府组织、智库、科研机构和宗教团体，以及来自私营部门的企业和投资者，还有城市和地区等次国家主体[3]。非国家主体的行动通常是指"在严格的政府和政府间（或多边）环境之外进行的一系列治理行动"[4]。非国家主体参与国际气候谈判及气候治理的历程主要经历了三大阶段，分别是以谈判内参与为主的萌芽阶段（1992—2008 年），谈判内外影响力快速提升阶段（2009—2013 年）及 2014 年后谈判外行动被纳入 UNFCCC 正式进程的阶段。除了积极参与气候谈判，非国家主体还在可再生能源、森林和农业、能源效率、交通运输、气候适应和恢复、气候融资、基础设施等广泛的领域采取行动，通过多种方式对气候减缓和适应产生影响力。目前而言，非国家主体既是国家气候政策的推动者、监督者、审查者，又是气候治理的实施者，一定程度上增大了达成碳中和目标的可能性。当然，非国家主体可以在低于

1 UNFCCC. UNFCCC 2022 NDC Synthesis Report[R/OL]. (2022-10-26)[2023-10-13].
2 UNEP-CCC. Emissions Gap Report 2020[R/OL]. UNEP-CCC, 2020[2023-10-11].
3 KUYPER J, LINNÉR B O, SCHROEDER H. Non-state actors in hybrid global climate governance: justice, legitimacy, and effectiveness in a post-Paris era[J/OL]. Wiley Interdisciplinary Reviews: Climate Change, 2017, 9(1).
4 SUSTAINABILITY (IDOS) G I of D and. A global framework for climate action: orchestrating non-state and subnational initiatives for more effective global climate governance[M/OL]. [2023-11-06].

国家层面的区域层面、组织层面、项目层面乃至产品层面上进行碳中和。

二、多样化的碳中和目标

由上一节可知，碳中和目标需要国家主体及非国家主体在多个层面上共同推进，因此，本节将分别详细介绍碳中和目标的不同层面。碳中和目标在实施主体和实施层面上具有多样性，具体可以分为 4 个层次：区域层面的碳中和、组织层面的碳中和、项目层面的碳中和及产品层面的碳中和，四者在核算范围、核算标准、核算方式等方面均存在一定差异。

（一）区域层面的碳中和

区域层面的碳中和是以地理范围划分的，通常为一个国家或地区，计算其整体产生者吸收的温室气体排放总和。根据其定义可知，区域层面的碳中和可以进一步分为国家级区域层面的碳中和，以及次国家区域层面的碳中和。

国家级区域层面的碳中和目标是国际上促进碳中和整体目标完成的"主力军"，主要为各国政府提出其各自的碳中和承诺并进行相关政策、法律的撰写发布。近年来，各个国家和地区陆续公布"碳中和"目标，为实现《巴黎协定》目标打下了一定基础。根据牛津大学发布的碳中和追踪数据集，截至 2023 年 10 月底，全球已有 6 个国家实现碳中和，87 个国家和地区（包括欧盟）已宣布碳中和承诺或将其列入国家政策或法律；另有 58 个国家和地区虽未作出正式承诺，但已提出或正在探讨碳中和目标[1]。表 1-1 将世界范围内在碳中和目标上作出实质性承诺和进展的国家按照进展由高至低分成 4 类，分别为已实现碳中和、立法碳中和、将碳中和目标列入政策、正式宣布或承诺碳中和，并分别列出对应类别下的国家；对于未实现碳中和的国家，表 1-1 中还展示了其承诺实现碳中和的年份。

表 1-1 主要国家级区域层面的碳中和承诺情况

进 展 情 况	承诺年：国家或国家级区域	计数
已实现碳中和	苏里南共和国、不丹、科摩罗、贝宁、加蓬、圭亚那	6
立法碳中和	2030 年：马尔代夫； 2035 年：芬兰； 2040 年：奥地利、冰岛；	27

1 LANG J, HYSLOP C, LUTZ N, et al. Oxford Net Zero Tracker Data[DS/OL]. (2023)[2023-10-12].

续表

进展情况	承诺年：国家或国家级区域	计数
立法碳中和	2045 年：德国、瑞典； 2050 年：葡萄牙、斐济、卢森堡、爱尔兰、希腊、澳大利亚、哥伦比亚、瑞士、美国、英国、欧盟、加拿大、新西兰、法国、丹麦、匈牙利、日本、韩国、智利、西班牙； 2070 年：尼日利亚	
将碳中和目标列入政策	2030 年：多米尼加、巴巴多斯； 2040 年：安提瓜与巴布达； 2045 年：尼泊尔； 2050 年：巴西、拉脱维亚、佛得角、马耳他、利比里亚、秘鲁、阿根廷、斯洛伐克、老挝、亚美尼亚、比利时、新加坡、阿联酋、瓦努阿图、安道尔、乌拉圭、克罗地亚、立陶宛、摩纳哥、巴布亚新几内亚、图瓦卢、纳米比亚、厄瓜多尔、冈比亚、黎巴嫩、巴拿马、柬埔寨、突尼斯、斯洛文尼亚、阿曼、格鲁吉亚、马来西亚、伯利兹、埃塞俄比亚、越南、赛普勒斯、汤加、马绍尔群岛、意大利、挪威、哥斯达黎加； 2053 年：土耳其； 2060 年：乌克兰、中国、沙特阿拉伯、俄罗斯、哈萨克斯坦； 2065 年：泰国； 2070 年：印度	52
正式宣布或承诺碳中和	2050 年：南非、爱沙尼亚、密克罗尼西亚联邦、海地、斯里兰卡； 2060 年：巴林、科威特； 2070 年：加纳	8

数据来源：Oxford Net Zero Tracker（Lang et al，2023）。

注：碳中和承诺计数在不断变化中，最新数据可进一步查询相关机构的统计。

　　具体而言，首先，**已有不丹等 6 个国家实现碳中和**。不丹是世界上第一个实现碳中和的国家，自 2009 年开始便优先考虑环境政策，在宪法中承诺保留其 60%的领土作为林地，从而保留住不丹先天拥有的森林覆盖率优势，使其能够产生极大的森林碳汇；同时还发展水力发电，并通过出口此项可再生能源进一步进行碳排放抵消[1]。

　　其次，**有英国、美国等 51 个国家将碳中和目标写入法律**。英国于 2008 年便推出了《气候变化法案》，并在 2019 年重新修订此法案，将 2050 年碳中和目标纳入其中，成为全球首个立法承诺 2050 年实现净零排放的主要经济体。欧盟在 2021 年 7 月正式推出《欧洲绿色新政》，明确了到 2030 年温室气体排放较 1990 年减少 55%的目标，并计划在 2050 年实现碳中和。作为

---

1 TZUNG S. Carbon Negativity In Bhutan: An Inverse Free Rider Problem[R/OL]. Harvard International Review.

《欧洲绿色新政》核心政策，欧盟"Fit for 55"减排一揽子方案涉及气候、能源、土地使用、运输和税收等多个领域，包括扩大欧盟碳市场、停止销售燃油车、征收航空燃油税、扩大可再生能源占比、设立碳边境税等新法案。美国方面，拜登 2021 年就任美国总统后宣布重返巴黎气候协议，并提出美国的国家自主贡献目标：2030 年温室气体排放比 2005 年降低 50%～52%，2021 年 11 月发布的《迈向 2050 年净零排放的长期战略》公布了美国实现 2050 碳中和终极目标的时间节点与技术路径。

再次，有中国、俄罗斯等 52 个国家为碳中和目标设立了国家政策。中国于 2020 年 9 月提出的 2060 年前碳中和的目标，加速了全球走向《巴黎协定》2℃和 1.5℃温升目标的进程。俄罗斯则是在近年展现出对气候问题的关注，其立场从旁观转向积极参与[1]。2021 年，俄罗斯推出了《2050 年前俄罗斯联邦低水平温室气体排放长期发展战略》，明确了俄罗斯将在 2030 年前使温室气体排放比 1990 年水平减少 70%，将在 2050 年前一直保持温室气体低排放的社会经济发展战略，并将在 2060 年前实现碳中和。俄罗斯达到碳中和的主要路径包括减少化石燃料的生产、优化低排放能源结构、提升森林等生态系统的碳吸能力。

最后，还有南非等 8 个国家虽然未为碳中和计划出台配备的法律或政策文件，但已作出了正式的碳中和承诺。2020 年 2 月，南非在其《2050 低排放发展战略》中提到，其国家计划委员会正在制定 2050 年前达到碳中和的战略，且南非低排放发展战略将为其 2050 碳中和目标打好基础[2]。2022 年 6 月，南非总统气候委员会发布了《南非公正过渡框架》，提出南非要进行公正转型，旨在增强气候适应能力，并在 2050 年之前实现温室气体净零排放。

主要国家级区域层面的碳中和目标如表 1-2 所示，结合上文与表 2 可以得出，虽然已有国家为碳中和目标制定了法律及国家政策，但仍有许多国家的承诺未完全明确。随着承诺在 21 世纪中叶前后实现净零排放目标的国家越来越多，实现《巴黎协定》目标的可行性逐渐提升。但同时也要注意，为了保持可行性和可信度，必须迫切把这些承诺转化为强有力的近期政策和行动，并在国家自主贡献中加以体现。

1 尚月，韩奕琛. 应对迈向碳中和时代的挑战：俄罗斯的绿色新政[J]. 现代国际关系，2021（10）：18-28.
2 SOUTH AFRICA. South Africa's Low-Emission Development Strategy 2050[J/OL]. 2020.

表 1-2　主要国家级区域层面的碳中和目标

国家或国家级区域	碳中和目标时间	包含的气体	碳中和目标的相关文件	是否使用域外抵消指标	阶段性减排目标
美国	2050 年	所有温室气体	行政命令:《迈向 2050 年净零排放的长期战略》 法律:《清洁空气法案》	未明确	2030 年:温室气体排放比 2005 年降低 50%~52% 2050 年:在 21 世纪中叶或中叶前实现温室气体净零排放
欧盟	2050 年	所有温室气体	政府规划:《欧洲绿色协议》 法律:《欧洲气候法案》,将气候目标纳入法律	未明确	2030 年:欧盟委员会提议从目前的较 1990 年至少减排 40%上调为至少减排 55%(2030 气候与能源框架) 2050 年:欧盟作为一个整体在其内部实现覆盖所有行业和温室气体的净零排放、实现气候中和
德国	2050 年	所有温室气体	法律:《气候行动法》 政府规划:《气候行动规划 2050》	未明确	2030 年:温室气体总排放量比 1990 年的基准水平至少减少 55%;目标可以提高,不能降低 2050 年:温室气体中和
法国	2050 年	所有温室气体	法律: 2019-1147 号《能源气候法》 政府规划:《能源与气候综合规划》	否	2030 年:温室气体排放量相比 1990 年的水平减少 40%(能源气候法) 2050 年:实现碳中和
英国	2050 年	所有温室气体	法律:《气候变化法案》	未明确	2030 年:整个经济范围内的温室气体排放量相比 1990 年至少减少 68%(INDC); 2050 年:温室气体排放相比于 1990 年水平至少减少 100%
日本	2050 年	所有温室气体	政策宣示:日本首相施政演说 政策规划:经济产业省《绿色增长计划》	未明确	2030 年:温室气体排放量与 2013 年相比减少 26%(或与 2005 年相比减少 25.4%)(日本新 NDC 于 2020 年 3 月公布,早于碳中和) 2050 年:实现净零排放

国家或国家级区域	碳中和目标时间	包含的气体	碳中和目标的相关文件	是否使用域外抵消指标	阶段性减排目标
韩国	2050 年	未明确	政策宣示：韩国总统宣布不晚于 2050 年实现净零排放 提交联合国：《韩国2050碳中和战略》	未明确	2030 年：与 2017 年相比，温室气体总排放量减少 24.4%（709.1MtCO$_2$e） 2050 年：实现碳中和
加拿大	2050 年	所有温室气体	法律：《加拿大净零排放问责法案》	是	2030 年：温室气体排放量比 2005 年减少 30%，整个经济范围内的总排放量为 523MtCO$_2$e（未更新的 NDC） 2050 年：温室气体净零排放
巴西	2060 年	未明确	提交的 NDC	未明确	2025 年：将温室气体排放水平相比 2005 年减少 37% 2030 年：将温室气体排放水平相比 2005 年减少 43% 2060 年：实现气候中和
阿根廷	2050 年	未明确	提交的 NDC	未明确	2030 年：整个经济范围内的排放量限制在 359MtCO$_2$e 以内。 2050 年：实现碳中和
墨西哥	2050 年	未明确	政策宣示	未明确	2030 年：与 BAU 相比减少 36%的温室气体排放和 51%的黑碳排放 2050 年：碳中和
南非	2050 年	未明确	提交联合国：长期低排放发展战略	未明确	2020—2025 年：实现碳达峰，排放量在峰值后十年内保持稳定。 至 2050 年间：排放量的绝对值下降至 212～428 MtCO$_2$e。 2050 年：达到净零排放目标

此外，除了上述介绍的国家级区域层面的碳中和目标，省/州、城市、城区等次国家区域也可以提出碳中和目标。例如，美国的部分州（如加利福尼

亚州、纽约州等）便提出 21 世纪中叶碳中和的目标，包括美国加利福尼亚州提出 2045 年碳中和目标，美国纽约州、华盛顿州、马萨诸塞州等提出 2050 年碳中和目标等；澳大利亚新南威尔士州、昆士兰州等提出 2050 年碳中和目标；日本北海道、神奈川县等提出 2050 年实现碳中和。在国内，成都、南京、青岛提出 2050 年实现碳中和，上海崇明区将打造碳中和示范区，深圳龙岗区将建设碳中和先行区。

（二）组织层面的碳中和

组织层面的碳中和是指组织边界内的温室气体排放实现中和。相应的国际标准包括 ISO 14064-1:2018《温室气体 第 1 部分：组织层面上对温室气体排放和清除的量化和报告的规范及指南》及 ISO/TR 14069:2013《温室气体 组织机构应用 ISO 14064-1 标准导则的温室气体排放量化和报告》。其中，ISO 14064-1:2018 规定了组织层面量化和报告温室气体排放和清除的原则和要求，包括组织温室气体清单的设计、开发、管理、报告和验证的要求。根据 ISO 定义，组织包括工商个体户、公司、企业、事务所等商业组织，以及政府当局、机构、慈善机构和协会等，无论是否成立、无论属于公共或是私人组织。

根据牛津大学截至 2023 年 10 月底的统计，全球范围内已经有 900 家企业宣布了碳中和目标，其中有 36 家企业已被外部验证为碳中和或已自身宣布实现碳中和。例如，德国汽车供应商博世宣布 2020 年实现碳中和，欧莱雅将在 2025 年实现全部工厂碳中和，联合利华、宜家等将在 2030 年实现碳中和，米塔尔、壳牌、英国石油等将在 2050 年实现碳中和。国内外典型企业的碳中和目标如表 1-3 所示。

对于企业来说，宣布碳中和目标具有诸多益处。一方面，企业可以从碳中和中直接受益，如通过立即行动以减少未来碳减排的成本，增强品牌和产品差异性以赢得新客户并增加现有客户的品牌忠诚度，提升品牌知名度并在主要市场定位产品等。另一方面，企业也可以从碳中和中间接受益，如在气候与可持续发展方面树立声誉，吸引和留住员工等。更重要的是，企业的碳中和可以减少全球碳排放，对全球气候应对具有重大意义。

国内企业碳中和相对起步较晚，在我国宣布碳中和目标之后，以央企为主的企业首先启动了碳中和规划，如中核集团、中国石油、中海石油、国家能源集团、中国建研院、国家电投等。其他国内企业也陆续宣布或正在规划碳中和行动。例如，通威集团计划 2023 年实现企业碳中和，蚂蚁金服目标在 2021 年实现运营碳中和、2030 年实现净零排放，三峡集团计划 2040 年实现企业碳中和。在 2022 年 11 月的《联合国气候变化框架公约》第二十七次缔约方大会（COP27）"中国角企业日"上，多家企业展现了自己的碳减排承诺。阿里巴巴介绍了平台生态"范围三+"减碳目标，承诺不晚于 2030 年实现自身运营碳中和，不晚于 2030 年实现上下游价值链碳排放强度减半；万科表示，计划到 2025 年至少在 18 个商场实现太阳能光伏发电；中国充电服务第一股能链智电介绍，2022 年上半年实现碳减排 70 万吨，已经达到 2021 年碳减排的近 8 成。在中国"双碳"的绿色机遇期，众多中国企业已经开展行动，共创零碳未来。

表 1-3   国内外典型企业的碳中和目标

企　业	碳中和目标
百度	2030 年实现集团运营层面的碳中和
腾讯	不晚于 2030 年实现自身运营及供应链的全面碳中和
阿里巴巴	2030 年前实现自身运营碳中和
吉利	2045 年实现全链路碳中和
博世	2020 年实现碳中和
联合利华	2030 年实现碳中和
宜家	2030 年实现碳中和
亚马逊	2030 年一半运输实现零碳
欧莱雅	2025 全部工厂碳中和
施耐德	2030 年运营层面净排放为零，2050 年供应链净排放为零
奔驰	2039 年实现车辆碳中和
大众	2050 年实现汽车零排放
达能	2050 年全产业链碳中和
雀巢	2050 年净零碳排放
壳牌	2050 年净零碳排放
中石油	2050 年净零碳排放

（三）项目层面的碳中和

项目层面的碳中和，是指项目整个生命周期（全产业链）内的温室气体排放实现中和，涉及整个产业链的碳中和。

此外，活动主办方也可为大型活动设置碳中和目标。全球已经出现不少活动碳中和典型案例，如 2006 年都灵冬奥运会、2008 年北京奥运会、2010 年南非世界杯足球赛、2016 年 G20 杭州峰会、北京 2022 年冬奥会等。其中，都灵冬奥运会是迄今为止首次实现全程"碳中和"的奥运盛事，组委会开展了"都灵气候遗产"活动，通过林业、节能减排和可再生能源项目进行了碳抵消；南非世界杯足球赛通过购买已评估的合格碳补偿来源，宣告达成碳中和。2022 年 3 月，住房和城乡建设部科技与产业化中心选出了一批项目作为城乡建设领域碳达峰碳中和先进典型案例，包括零碳园区、近零碳建筑、绿色低碳改造项目、低碳运行案例、零碳社区等方面的一些示范性项目，如上海崇明第十届中国花卉博览园、中国建筑科学研究院示范楼、沈阳建筑大学示范中心、湖北建研院中南办公大楼。

（四）产品层面的碳中和

产品层面的碳中和，指的是生产某产品的全生命周期中达到碳中和。相关的国际标准有 ISO 14067:2018《温室气体　产品碳足迹　量化要求和指南》，ISO 14067:2018 定义了产品层面上碳足迹量化的原则、要求和指南，其目标是量化与产品生命周期阶段相关的温室气体排放，从资源开采和原材料采购开始，一直延伸到产品的生产、使用和报废阶段。

一些公司为本公司生产的全部或部分产品设置碳中和目标。少部分公司为公司所有产品设置碳中和目标，代表企业为苹果公司。苹果公司表示目前已在全球公司运营方面实现了碳中和，计划到 2030 年为整个业务、生产供应链和产品生命周期实现碳中和。而大部分公司仅计划为个别产品实现碳中和，如奔驰、雀巢等。

（五）区域、组织、项目、产品层面碳中和间的差异与联系

区域、组织、项目、产品 4 个层面的碳中和目标是相辅相成、相互促进的，其共同目的是应对全球气候变化。在应对全球气候变化的进程中，若仅有区域层面碳中和目标则孤立无援，若仅有组织、项目或产品层面的碳中和目标则杯水车薪，需要从区域、组织、项目和产品各个层面共同为减少全球二氧化碳排放作出贡献。4 个层面碳中和行动目标一致，相互促进，缺一不可。

从碳中和的时间进程上看，区域、组织、项目和产品层面碳中和行动可以是同时开展的，也可以是有先后顺序的。一方面，在国家和地区制定碳中和整体目标的同时，组织、项目和产品可以从自身做起，自下而上助力区域碳中和目标的实施。另一方面，国家和地区可以首先制定区域层面碳中和目标，鼓励组织和项目实施单位制定碳中和目标；组织、项目和产品层面上也可以率先制定碳中和目标，助力区域碳中和目标的制定。

从碳中和的形式和目的上看，区域、组织、项目和产品层面碳中和行动具有一定差别。区域层面的碳中和一般由国家或地区政府提出，以法律文件、

政策规划、国家自主贡献目标等形式进行宣誓，其目的是为全球可持续发展作出贡献，展现负责任国家或地区形象，以及作为《巴黎协定》等国际气候变化协议和国家自主贡献目标的具体形式。区域层面的碳中和目标具有较高的可信度和较强的执行效力，能带动一系列地区和产业采取碳中和行动，规划影响范围和政策实施难度都非常大。组织层面的碳中和一般由企业在企业环境进展或社会责任报告等中提出，以提升品牌知名度、承担社会责任、提高企业利润为目的，实施难度较大。项目和产品层面的碳中和由产品生产厂家或活动发起人提出，通常采用抵消的方式实现碳中和，目标是增加产品竞争力、吸引消费者并引导其低碳消费、促使产品的整个产业链减排，项目碳中和的实施难度较小，持续周期较短。

从碳排放的核算方式上看，区域、组织、项目和产品层面碳核算具有各自的标准和意义，且不能简单加总。区域层面碳核算是从物理角度上尽可能准确地反映温室气体排放情况，国家或政府通常会编制国家温室气体排放清单，为排放分类、清单标准、排放清单作出具体安排。组织层面碳核算的目的是对碳排放的责任归属进行量化，产品层面碳核算的意义是引导消费者低碳消费。虽然区域、组织、项目层面碳核算通常都以二氧化碳当量来表示，但是其意义不同，不能简单地加总，若要进行整合则需考虑到重复计算等问题。

第二节　准确理解碳中和目标

一、碳中和涉及的概念

为了更准确地理解碳中和目标，本节将具体介绍碳中和中高频出现的概念。一方面梳理碳中和、净零碳排放、净零排放、气候中和等相近概念之间的区别与联系；另一方面介绍碳达峰、碳足迹等与碳中和相关的概念。

（一）碳中和

IPCC发布的《全球升温1.5℃特别报告》指出，碳中和（Carbon Neutral或者 Carbon Neutrality）是指在一定时期内，人为二氧化碳排放量与人为二氧化碳清除量在全球范围内达到平衡。其中，人为二氧化碳排放即人类活动造成的二氧化碳排放，包括化石燃料燃烧、工业过程、农业及土地利用活动排放等；人为二氧化碳清除即人类从大气中移除二氧化碳，包括植树造林增加碳吸收、碳捕集与封存等。

碳中和，简言之就是减源与增汇间的平衡之道，即在减少排放源（简称减源）的同时，注意消除和吸收（简称"增汇"）。企业、团体或个人测算在一定时间内（一般为一年）直接或间接产生的温室气体排放总量，然后通过植物造树造林、节能减排等形式，抵消自身产生的二氧化碳排放量，从而实现碳中和。

然而也有文献认为，碳中和不仅包含二氧化碳，还包含所有温室气体，如碳中和规范指南 PAS 2060 中的碳中和指所有温室气体。因此，不管是国家、组织还是项目，在提出碳中和时应对其范围作出明确解释。

（二）净零碳排放与净零排放

根据 IPCC 的定义，净零碳排放（Net-Zero Carbon Emissions）是净零二氧化碳排放（Net-Zero CO_2 Emissions）的简称，其含义与"碳中和"相同。净零排放（Net-Zero Emissions）是指，一个组织一年内由于人类活动造成的全温室气体（GHGs）（以二氧化碳当量衡量）排放与人为排放吸收量在一定时期内实现平衡。

（三）气候中和

根据 IPCC 的定义，气候中和（或气候中性或气候中立目标）（Climate Neutrality）指人类活动不会对气候系统产生净影响的状态。要达到这种状态，需要考虑人类活动的区域或地方生物地球物理效应下，平衡残余碳排放与碳排放清除量。

（四）碳达峰

碳达峰指某个地区或行业年度二氧化碳排放量达到历史最高值且不再增长，然后经历平台期进入持续下降的过程。碳达峰是二氧化碳排放量由增转降的历史拐点，标志着碳排放与经济发展实现脱钩，达峰目标包括达峰年份和峰值。

（五）碳足迹

碳足迹（Carbon Footprint）是指企业机构、活动、产品或个人通过交通运输、生产和消费及各类生产过程等引起的温室气体排放的集合，一般核算包括其原材料加工运输、使用及废弃物处理等整个生命周期过程的排放量。

二、碳中和的核心要素

在了解完碳中和的核心概念后，本节将介绍碳中和的核心要素。首先，介绍将能在哪些层面上构建碳中和目标，不同层面上碳中和一般会设立什么时间范围，碳中和目标所覆盖的温室气体种类、排放类型、覆盖行业有哪些，如何核算碳排放以确定是否达到碳中和目标，承诺碳中和目标有哪些方式等；其次，除了碳减排和碳吸收，实现碳中和目标的方式还包括抵消，这也将在本节中介绍。

（一）碳中和的层面

根据碳中和主体的不同，可以将碳中和目标分为区域、组织、项目、产品 4 个层面。本章第一节已有简要论述，本书第三、四、五、六章将分别详细介绍 4 个层面的碳中和实现路径。

（二）碳中和的时间范围

区域和企业通常会设置碳中和目标和阶段目标。区域和组织层面的碳中和目标通常为一个具体的时间点，如 2050 年或 2060 年实现碳中和，同时也会提出分解目标。例如，壳牌的长期目标为 2050 年或更早实现净零排放。为此，壳牌公司设立了分解目标：到 2035 年使销售的能源产品的碳强度比2016 年降低 30%，到 2050 年降低 65%；设定 2021 年的目标是碳强度比 2016年降低 3%～4%。对于项目和产品层面来说，碳中和的时间范围通常为该项目或产品的整个生命周期。

（三）碳中和的覆盖范围

碳中和的覆盖范围是碳中和目标的重点，包括碳中和目标所涉及的温室气体种类，包含直接排放还是间接排放，以及覆盖行业领域、是否包含国际航空和海运等。

1. 包含的温室气体种类

制定碳中和目标时需要确定包含的温室气体种类，是仅包含二氧化碳，抑或包含全温室气体（GHGs）（包括二氧化碳、甲烷、氧化亚氮、氢氟碳化物、全氟碳化物、六氟化硫和三氟化氮）。一些国家或地区的碳中和目标包含所有 GHGs，如德国、英国、法国、意大利等，特别地，新西兰的碳中和目标包含除动植物来源排放的生物甲烷外的所有 GHGs。碳中和目标明确不包含所有 GHGs 的国家还有南非、卢旺达等。

2. 直接排放和间接排放

碳排放通常分为 3 种类型：范围一（Scope1）排放为直接排放，范围二（Scope2）排放为能源间接排放，范围三（Scope3）排放为其他间接排放，如表 1-4 所示。

表 1-4　碳中和目标中的排放类型

排放类型	描　述	说　明
范围一	直接排放	企业物理边界或控制的资产内直接向大气排放的温室气体，包括固定源燃烧排放、移动源燃烧排放、工业过程直接排放、人为系统逸散排放等
范围二	能源间接排放	企业因使用外部供应的电力、热力、蒸汽、压缩空气等导致的间接排放
范围三	其他间接排放	因企业生产经营产生的所有其他间接排放，包括：运输（货物运输、员工通勤、商务差旅等）产生的排放，使用的产品（原材料、设备、建筑物等）或服务（咨询、清洁、维护等）产生的排放，生产的产品在使用、废弃等阶段产生的排放等

范围一排放是指企业物理边界或控制的资产内直接向大气排放的温室气体，包括固定源燃烧排放、移动源燃烧排放、工业过程直接排放、人为系统逸散排放等。

范围二排放是指企业因使外部供应的电力、热力、蒸汽、压缩空气等导致的间接排放。关于电网排放因子的计算，世界资源研究所（WRI）于 2014 年发布的一个关于计算电力使用碳排放的指南（GHG Protocol Scope 2 Guidance）中首次引入了基于区域（Location Based）的电网用电排放和基于市场（Market Based）的电网用电排放的概念。第一，基于区域的电网用电排放。在计算基于区域的电网用电排放时，企业用电排放基于整个电网排放的平均排放因子来计算，不考虑企业用的是清洁电力还是化石电力。第二，基于市场的电网用电排放。在计算基于市场的电网用电排放时，则用电力交易商提供各企业的电力排放因子来计算，如果电力交易商为企业提供的电力为清洁电力，且能证明其清洁属性的权属时，可以认为企业用电的排放为零。第三，清洁电力使用。以下几种方式都可以宣称使用的是清洁电力：自有电站直供并宣称不主张环境属性；自有电站非直供，主张环境属性但自用；直购清洁电力并能够证明清洁电力的环境属性归属；电网购电并购买等量的环境权益（绿证等）。

范围三排放是指除范围二外的其他所有间接排放。最新的 ISO 14064-1:2018

对范围三排放进行了一个归类，包括运输（货物运输、员工通勤、商务差旅等）产生的排放，使用的产品（原材料、设备、建筑物等）或服务（咨询、清洁、维护等）产生的排放，生产的产品在使用、废弃等阶段产生的排放等。由于范围三的排放涉及大量外部数据，核算和管理难度较大，除了一些优秀的企业在碳核算和定减排目标时考虑了范围三排放，大部分企业是不考虑范围三排放的。特别地，科学碳目标倡议（SBTi）要求如果范围三排放超过总排放40%，则设定减排目标就必须考虑范围三排放。

在区域和项目层面，碳中和目标一般不涉及直接排放和间接排放问题。对于国家层面的碳中和目标来说，因为是一个区域整体碳排放的计算，碳中和目标一般不涉及直接排放和间接排放问题，或者说均为直接排放。然而，在省区和城市层面，需要区分直接排放和间接排放，如大型跨区域电力输送将引发碳归属的分歧。

在组织层面，则必须对直接排放和间接排放加以区分。直接排放和间接排放的计算对碳中和目标的力度有很大影响，若不加以区分，则碳中和目标本身就会变得有歧义。

在产品层面，一般是以产品全生命周期为边界核算其排放量，即产品的碳足迹。例如，手机的生产涉及制造该手机的所有零件上至原料开采、下至手机报废处理整个过程中产生的碳排放。

企业在制定碳中和目标时，首先要确定碳中和覆盖的边界，是范围一排放，还是范围一+范围二排放，还是范围一+范围二+范围三的排放，抑或是供应链和产品的碳排放。

3. 区域碳中和中是否包含国际航空和海运

不同行为主体碳中和目标所覆盖的行业领域同样会有所不同。特别地，国际航空和海运业由于会涉及多个国家的管辖权，在碳排放的监管、报告、核查上均存在一定困难，国际上对此未达成定论，因此，不同国家对是否包含国际航空和海运的碳中和目标设定也有所不同。一些国家明确其碳中和目标包含国际航空和海运（力度大），包括英国、奥地利、斐济等。另一些国家明确不包含国际航空和海运（力度小），如德国、法国、荷兰、瑞典等。

（四）碳排放的核算方式和标准

1. 区域层面

在区域碳中和目标中，政府通常制定国家温室气体清单，这是判断国内

二氧化碳总量控制的重要依据，也是国际气候谈判的基础。中国分别于 1994
年、2005 年、2012 年、2014 年和 2017 年编制了国家温室气体清单，各省和
市也编制了省级温室气体清单和市县级温室气体清单。

区域碳排放的计算方法主要是参考 IPCC 发布的《国家温室气体清单编
制指南》来进行。主要分为能源、工业过程和产品使用、农业、林业和其他
土地利用、废弃物这几个部分的温室气体排放。

2. 组织层面

组织层面的碳排放计算方法最早源于 WRI 发布的《温室气体议定书》
及随后的 ISO 14064-1:2018。在国内，国家发展和改革委员会及生态环境部
对发电企业、电网企业、钢铁生产企业、化工企业等多个行业发布的《企业
温室气体排放核算方法与报告指南》也是据此制定的。碳核算的计算方式参
考文件为 GHG protocol，排放因子可以参考 IPCC 2006、国家行业温室气体
核算与报告指南、国家平均电网排放因子等。

3. 项目和产品层面

项目和产品层面的碳排放计算方法主要是基于产品从摇篮到坟墓全生
命周期（LCA）的排放进行计算。项目和产品层面的碳中和指导文件为 ISO
14067，WRI 的 *Product Life Cycle Accounting and Reporting Standard* 碳排放
计算方式参考文件为 BSI 的《PAS 2050——商品和服务在生命周期内的温室
气体排放评价规范》。《PAS 2050——商品和服务在生命周期内的温室气体排
放评价规范》为全球首个产品碳足迹方法标准，于 2008 年 10 月由英国标准
协会发布，被企业广泛用来评价其商品和服务的温室气体排放。产品层面的
排放因子参考文件为中国生命周期基础数据库（CLCD）、美国生命周期基础
数据库（U.S.LCD）、Ecoinvent 数据库等。

（五）碳中和的抵消方式

实现碳中和的方式主要有直接减排、碳抵消、碳汇 3 种。其中，碳抵消
是指购买环境权益来抵消剩余部分排放。由于允许使用碳抵消会损害碳中和
行动效果，关于在碳中和中是否允许碳抵消一直存在争议。

在区域层面，碳中和的判定方式非常明确，即该区域范围内产生的温室
气体排放量等于或者低于吸收量，就可以说其实现了碳中和。一些国家或地
区的碳中和目标力度较大，明确其碳中和目标中不包含国际抵消，其无法减
排的排放量可以通过造林、碳捕集和封存技术（CCS）进行吸收和消除，如

瑞士、葡萄牙、冰岛、斐济等；一些国家的碳中和目标力度较小，明确其碳中和目标中包含国际抵消，如英国、瑞典、挪威、爱尔兰、新西兰等；而大部分一些地区暂未对是否允许国际抵消作出说明。

在组织层面，企业根据自身情况宣布使用或不使用抵消来实现碳中和目标。由于组织在有限的物理边界内通过造林来实现碳排放的吸收的难度较大，因此大部分企业将使用抵消指标完成碳中和目标。

在项目层面，由于活动本身的地域和时间限制，大多需要使用碳抵消来中和无法减少的二氧化碳排放。

（六）碳中和的承诺方式

对于区域来说，碳中和的承诺内容包括狭义的碳中和、净零排放或气候中和，承诺方式分为已立法、已列入政策、宣誓或承诺等。根据牛津大学发布的碳中和追踪数据集，截至 2023 年 10 月底，已有 93 个国家、339 个次国家区域（省、州、城市等）正式承诺碳中和（或净零排放、气候中和）目标。其中，苏里南和不丹等 6 个国家及印度锡金邦等 2 个次国家区域已经实现了碳中和目标；英国、法国、瑞士、加拿大、韩国等 27 个国家，以及美国加利福尼亚州、加拿大新斯科舍省等 31 个次国家区域以立法的形式制定了碳中和目标；中国、美国、芬兰等 52 个国家及法国新阿基坦等 168 个次国家区域以政策文件的形式作出承诺；还有南非等 8 个国家及韩国蔚山等 138 个次国家区域的碳中和虽未出台针对碳中和的法律或政策文件，但已作出正式承诺。

对于组织来说，碳中和目标分为狭义的碳中和、净零排放、气候中和（Climate Neutrality）、100%可再生能源（Renewable Energy）、基于科学的目标（Science-Based Targets，SBT）等，承诺方式包括写入组织战略、承诺或宣布等。在组织层面，公司、企业是重要的实现碳中和目标的角色，牛津大学发布的碳中和追踪数据集收集了世界范围内公司在碳中和目标上的进展，截至 2023 年 10 月底，共有 900 个公司在碳中和目标上作出承诺或有所进展，其中包括网飞等 5 个外部验证过已达碳中和的公司、东京海上控股等 31 个自我宣布已达碳中和的公司、苹果等 672 个将碳中和目标写入公司战略的公司、加拿大航空公司等 192 个未在公司战略中体现但已作出承诺的公司。

在组织层面，碳中和目标的实现方式可以分为绝对减排和相对减排。一方面，绝对减排是指不通过任何减排权、绿证、绿电等环境权益来抵消的硬性减排。这种减排往往只能通过节能增效和燃料替代来实现。绝对减排的目标一般都是到目标年的绝对排放相对于基准年降低某个固定数值的百分比。另一方面，相对减排的方式就要灵活许多，也包括可以使用环境权益。企业在提相对减排目标时，可以同时提出多个阶段性目标，如目标年份的清洁电力使用比例、单位产品排放相对于基准年降低比例等。在相对减排中，企业可以购买多种多样的环境权益来抵消自身的排放，如清洁电力的 REC、IREC、TIGRs，减排权的 CER、CCER、VER、GSCER、GSVER、REDD、REDD+、CCBS 等。备受推崇的就是基于自然的解决方案（Nature-based Solution, NbS），即通过植树造林等对生态系统的保护、恢复和可持续管理来减缓气候变化。企业亦可通过制定一组最合适的可再生能源工具组合[绿色关税(green tariffs)，EAC（能源属性证书），EAC plus，购电协议（PPA）和现场可再生能源（on-site RE）] 来实现可持续发展目标。

第三节　中国的碳达峰和碳中和实践

一、中国碳减排目标的演变

中国的碳减排目标可以主要分为 3 个阶段：2009 年哥本哈根气候大会的温室气体排放强度目标，2015 年巴黎气候大会的温室气体排放达峰目标，以及 2020 年联合国大会的碳达峰碳中和目标。

第一阶段，2009 年 12 月哥本哈根世界气候大会上，中国提出到 2020 年我国单位国内生产总值二氧化碳排放比 2005 年下降 40%～45%。2018 年，我国提前实现了该目标。

第二阶段，2015 年 12 月巴黎气候大会上，国家主席习近平承诺中国于 2030 年前后使二氧化碳排放达到峰值并争取尽早实现。

第三阶段，2020 年 9 月 22 日，国家主席习近平在第 75 届联合国大会一般性辩论上发表重要讲话指出，中国将提高国家自主贡献力度，采取更加有力的政策和措施，二氧化碳排放力争于 2030 年前达到峰值，努力争取 2060 年前实现碳中和[1]（以下简称为"30·60目标"）。这也是中国首次明确实现碳中和的时间点。中国还于 2020 年 12 月宣布，将提高国家自主贡献力度，到 2030 年，中国单位国内生产总值二氧化碳排放比 2005 年下降 65%以上，非化石能源占一次能源消费比重达到 25%左右，森林蓄积量比 2005 年增加 60 亿立方米，风电、太阳能发电总装机容量达到 12 亿千瓦以上。第十

---

1 新华网. 习近平在第七十五届联合国大会一般性辩论上的讲话[EB/OL]. (2020-09-22)[2023-11-02].

四个五年计划规定了制订行动计划，以在 2030 年之前达到二氧化碳排放峰值，并采取更强有力的政策措施，以期在 2060 年之前实现碳中和。

国际上，习近平主席提出中国的"30·60 目标"，体现了国家对"碳中和"的高度重视及坚决完成"碳中和"目标的态度和决心。2020 年 9 月 30 日，习近平主席在联合国生物多样性峰会上的讲话表明，中国将积极参与全球环境治理，切实履行气候变化、生物多样性等环境相关条约义务，提高国家自主贡献力度，采取更加有力的政策和措施达成"30·60 目标"。2020 年 11 月 12 日，习近平主席在第三届巴黎和平论坛的致辞中指出，中方将坚持绿色发展理念，致力于落实应对气候变化《巴黎协定》，为"30·60 目标"制定实施规划。2020 年 11 月 17 日，习近平主席在金砖国家领导人第十二次会晤上发表讲话，指出中国将恪守共同但有区别的责任原则，对于"30·60 目标"中国将说到做到。2020 年 12 月 12 日，习近平在气候雄心峰会上的讲话中重申了"30·60 目标"，并愿进一步宣布：到 2030 年，中国单位国内生产总值二氧化碳排放将比 2005 年下降 65% 以上，非化石能源占一次能源消费比重将达到 25% 左右，森林蓄积量将比 2005 年增加 60 亿立方米，风电、太阳能发电总装机容量将达到 12 亿千瓦以上。

在国内，"碳达峰、碳中和"工作被摆在政府工作的重要位置。2020 年 12 月 18 日的中央经济工作会议上，"做好碳达峰、碳中和工作"与强化国家战略科技力量、扩大内需、粮食安全等问题并列，成为 2021 年度国家八大重点任务之一，体现了国家对"碳中和"的高度重视及对"碳中和"目标纳入执行阶段的态度和决心。中央经济工作会议指出，要抓紧制定 2030 年前碳排放达峰行动方案，支持有条件的地方率先达峰。要加快调整优化产业结构、能源结构，推动煤炭消费尽早达峰，大力发展新能源，加快建设全国用能权、碳排放权交易市场，完善能源消费双控制度。要继续打好污染防治攻坚战，实现减污降碳协同效应。要开展大规模国土绿化行动，提升生态系统碳汇能力。2021 年 3 月 15 日的中央财经委员会第九次会议上，习近平主席指出："实现碳达峰、碳中和是一场广泛而深刻的经济社会系统性变革，要把碳达峰、碳中和纳入生态文明建设整体布局，拿出抓铁有痕的劲头，如期实现 2030 年前碳达峰、2060 年前碳中和的目标。"2022 年 10 月，习近平总书记在党的二十大报告中明确了到 2035 年我国发展的总体目标，其中之一是"广泛形成绿色生产生活方式，碳排放达峰后稳中有降，生态环境根本好转，美丽中国目标基本实现"，党的二十大报告还对"积极稳妥推进碳达峰碳中和"作出部署。2021 年 10 月底，国务院新闻办公室发布《中国应对气候变化的政策与行动》白皮书，指出中国克服自身作为发展中国家的经济、社会等方面困难，积极承担国际气候治理责任，出台并实施一系列应对气候变化战略、措施和行动，坚定走绿色发展道路，在低碳减排方面取得了积极成效[1]。

二、中国"双碳""1+N"政策体系

近年来，中国实施积极应对气候变化国家战略，不断强化自主贡献目标，加快构建碳达峰、碳中和"1+N"政策体系。一方面，"1+N"中的"1"是碳达峰碳中和指导意见。2021年10月24日，中共中央、国务院印发《中共中央 国务院关于完整准确全面贯彻新发展理念做好碳达峰碳中和工作的意见》（以下简称《做好"双碳"工作的意见》），提出国家层面的2025年、2030年和2060年总目标，并指出8项重点策略及3项重要保障措施。2021年10月26日，国务院发布的《2030年前碳达峰行动方案》进一步明确"十四五"和"十五五"两个重要转型时期国家层面的主要目标，并明确指出10项重点任务及43项细分任务板块。《做好"双碳"工作的意见》和《2030年前碳达峰行动方案》明确了碳达峰碳中和工作的时间表、路线图，二者共同作为"1+N"政策体系中的"1"，在"碳达峰、碳中和"工作中发挥统领作用。

另一方面，"1+N"政策体系中的"N"指与"双碳"相关的根据不同领域、行业出台的一系列文件。2022年6月，生态环境部、国家发展和改革委员会、科学技术部等十七部门联合印发了《国家适应气候变化战略2035》[2]，对当前至2035年适应气候变化工作作出统筹谋划部署；同月，生态环境部、国家发展和改革委员会、工业和信息化部等七部门联合印发了《减污降碳协同增效实施方案》[3]，对推动减污降碳协同增效作出系统部署。

"N"涉及2030年前碳达峰行动方案，以及重点领域和行业政策措施与行动。中国气候变化事务特使解振华指出，"N"具体包括优化能源结构、推动产业和工业优化升级、推进节能低碳建筑和低碳基础设施、构建绿色低碳交通运输体系、发展循环经济、推动绿色低碳技术创新、发展绿色金融以扩

---

1 中华人民共和国国务院新闻办公室. 中国应对气候变化的政策与行动白皮书[EB/OL]. 中华人民共和国国务院新闻办公室. (2021-10-27)[2023-11-06].

2 生态环境部, 等. 国家适应气候变化战略2035[EB/OL]. 中华人民共和国中央人民政府. (2022-06-14)[2023-11-06].

3 生态环境部, 等. 关于印发《减污降碳协同增效实施方案》的通知, 环综合〔2022〕42号[EB/OL]. 中华人民共和国中央人民政府. (2022-06-10)[2023-11-06].

大资金支持和投资、出台配套经济政策和改革措施、建立完善碳交易市场及实施基于自然的解决方案等 10 个方面[1]。《中国应对气候变化的政策与行动》白皮书指出，"N" 既包括全国能源、工业、城乡建设、交通运输、农业农村等分领域、分行业的实施方案，也包括为这些实施方案提供支持的科技、财政、金融、价格、碳汇、能源转型、减污降碳协同等保障方案。此外，31 个省、自治区、直辖市都制定了本地区碳达峰实施方案。上述一系列文件将构建起目标明确、分工合理、措施有力、衔接有序的碳达峰碳中和政策体系。

（一）中国"双碳"目标重点领域

国务院《2030 年前碳达峰行动方案》提出实施"碳达峰十大行动"，在十个重点领域上进行"双碳"目标的实施，具体包括能源绿色低碳转型行动、节能降碳增效行动、工业领域碳达峰行动、城乡建设碳达峰行动、交通运输绿色低碳行动、循环经济助力降碳行动、绿色低碳科技创新行动、碳汇能力巩固提升行动及绿色低碳全民行动。《中国应对气候变化的政策与行动》白皮书指出，中国将陆续发布重点领域碳达峰实施方案和一系列支撑保障措施；并将在农业、林业和草原、水资源、公众健康等重点领域推进适应气候变化行动。具体而言，中国"双碳"目标下重点领域相关政策方案如表 1-5 所示。

表 1-5　中国"双碳"目标下重点领域相关政策方案

	时　　间	发布单位	方案名称
能源绿色低碳转型行动	2021 年 11 月 15 日	国家发展和改革委员会等五部门	《高耗能行业重点领域能效标杆水平和基准水平（2021 年版）》
	2022 年 1 月 30 日	国家发展和改革委员会、国家能源局	《关于完善能源绿色低碳转型体制机制和政策措施的意见》
	2022 年 3 月 22 日	国家发展和改革委员会、国家能源局	《"十四五"现代能源体系规划》的通知
	2022 年 3 月 23 日	国家发展和改革委员会、国家能源局	《氢能产业发展中长期规划（2021—2035 年）》
	2022 年 5 月 10 日	国家发展和改革委员会	《煤炭清洁高效利用重点领域标杆水平和基准水平（2022 年版）》
	2022 年 6 月 1 日	国家发展和改革委员会等九部门	《"十四五"可再生能源发展规划》
	2022 年 9 月 20 日	国家能源局	《能源碳达峰碳中和标准化提升行动计划》

1　解振华. "1+N"政策体系将确保实现碳中和[EB/OL]. 清华大学气候变化与可持续发展研究院. (2023)[2023-11-06].

续表

	时　间	发　布　单　位	方　案　名　称
节能降碳增效行动	2021 年 6 月 1 日	国管局、国家发展和改革委员会	《"十四五"公共机构节约能源资源工作规划》
	2022 年 1 月 24 日	国务院	《"十四五"节能减排综合工作方案》
	2022 年 2 月 11 日	国家发展和改革委员会等四部门	《高耗能行业重点领域节能降碳改造升级实施指南(2022 年版)》
	2022 年 6 月 17 日	生态环境部等七部门	《减污降碳协同增效实施方案》
	2022 年 10 月 18 日	国家发展和改革委员会等五部门	《关于严格能效约束推动重点领域节能降碳的若干意见》
	2022 年 11 月 10 日	国家发展和改革委员会等五部门	《重点用能产品设备能效先进水平、节能水平和准入水平（2022 年版）》
工业领域碳达峰行动	2021 年 12 月 3 日	工业和信息化部	《"十四五"工业绿色发展规划》
	2022 年 1 月 30 日	工业和信息化部等九部门	《"十四五"医药工业发展规划》
	2022 年 2 月 7 日	工业和信息化部、国家发展和改革委员会、生态环境部	《关于促进钢铁工业高质量发展的指导意见》
	2022 年 4 月 7 日	工业和信息化部等六部门	《关于"十四五"推动石化化工行业高质量发展的指导意见》
	2022 年 4 月 21 日	工业和信息化部、国家发展和改革委员会	《关于化纤工业高质量发展的指导意见》
			《关于产业用纺织品行业高质量发展的指导意见》
	2022 年 6 月 17 日	工业和信息化部等五部门	《关于推动轻工业高质量发展的指导意见》
	2022 年 6 月 21 日	工业和信息化部等六部门	《工业水效提升行动计划》
	2022 年 6 月 29 日	工业和信息化部等六部门	《工业能效提升行动计划》
	2022 年 8 月 1 日	工业和信息化部、国家发展和改革委员会、生态环境部	《关于印发工业领域碳达峰实施方案的通知》
	2022 年 8 月 22 日	工业和信息化部等七部门	《信息通信行业绿色低碳发展行动计划（2022—2025 年）》
	2022 年 11 月 10 日	工业和信息化部等三部门	《有色金属行业碳达峰实施方案》
城乡建设碳达峰行动	2021 年 10 月 21 日	中共中央办公厅、国务院办公厅	《关于推动城乡建设绿色发展的意见》
	2022 年 1 月 19 日	住房和城乡建设部	《"十四五"建筑业发展规划的通知》

续表

时　间	发布单位	方案名称
2022 年 2 月 11 日	国务院	《"十四五"推进农业农村现代化规划》
2022 年 3 月 1 日	住房和城乡建设部	《"十四五"住房和城乡建设科技发展规划》
2022 年 3 月 11 日	住房和城乡建设部	《"十四五"建筑节能与绿色建筑发展规划》
2022 年 6 月 30 日	农业农村部、国家发展和改革委员会	《农业农村减排固碳实施方案》
2022 年 7 月 13 日	住房和城乡建设部、国家发展和改革委员会	《城乡建设领域碳达峰实施方案》
2022 年 11 月 2 日	工业和信息化部等四部门	《建材行业碳达峰方案》
2022 年 1 月 18 日	国务院	《"十四五"现代综合交通运输体系发展规划》
2022 年 1 月 21 日	交通运输部	《绿色交通"十四五"发展规划》的通知
2022 年 6 月 24 日	交通运输部、国家铁路局、中国民航局、国家邮政局	《中共中央 国务院关于完整准确全面贯彻新发展理念做好碳达峰碳中和工作的意见》
2021 年 7 月 1 日	国家发展和改革委员会	《"十四五"循环经济发展规划》
2022 年 2 月 10 日	工业和信息化部等八部门	《关于加快推动工业资源综合利用的实施方案》
2022 年 8 月 18 日	科学技术部等九部门	《科技支撑碳达峰碳中和实施方案（2022—2030 年）》
2022 年 4 月 2 日	国家能源局、科学技术部	《"十四五"能源领域科技创新规划》
2021 年 12 月 31 日	国家市场监督管理总局	国家标准化管理委员会 《林业碳汇项目审定和核证指南》（GB/T 41198—2021）
2022 年 2 月 21 日	自然资源部	《海洋碳汇经济价值核算方法》
2022 年 5 月 7 日	教育部	《加强碳达峰碳中和高等教育人才培养体系建设工作方案》
		详见本章第四节

行项行标注如下（表左侧分组）：
城乡建设碳达峰行动；交通运输绿色低碳行动；循环经济助力降碳行动；绿色低碳科技创新行动；碳汇能力巩固提升行动；绿色低碳全民行动；各地区梯次有序碳达峰行动

（二）中国"双碳"目标重点行业

中国碳达峰碳中和政策重点行业包括煤炭、石油天然气、钢铁、建材、石化化工、有色金属、轻工业、纺织品、氢能、可再生能源等。《中国应对气候变化的政策与行动》白皮书指出，"十三五"期间，中国石化、化工、钢铁等重点行业转型升级加速，提前两年完成"十三五"化解钢铁过剩产能1.5亿吨上限任务目标，全面取缔"地条钢"产能1亿多吨；中国将继续以重点行业为抓手，进行有效的温室气体排放控制，强化钢铁、建材、化工、有色金属等重点行业能源消费及碳排放目标管理，推进工业绿色化改造。基于此，中国各政府部门相继提出"十四五"重点行业发展规划，并将"双碳"目标纳入其中。中国"双碳"目标下重点行业相关政策方案如表1-6所示。

表1-6　中国"双碳"目标下重点行业相关政策方案

	时　间	发布单位	方案名称
医药	2022年1月30日	工业和信息化部等九部门	《"十四五"医药工业发展规划》
钢铁	2022年2月7日	工业和信息化部、国家发展和改革委员会、生态环境部	《关于促进钢铁工业高质量发展的指导意见》
氢能	2022年3月23日	国家发展和改革委员会、国家能源局	《氢能产业发展中长期规划（2021—2035年）》
石化化工	2022年4月7日	工业和信息化部等六部门	《关于"十四五"推动石化化工行业高质量发展的指导意见》
化纤工业	2022年4月21日	工业和信息化部、国家发展和改革委员会	《关于化纤工业高质量发展的指导意见》
纺织品	2022年4月21日	工业和信息化部、国家发展和改革委员会	《关于产业用纺织品行业高质量发展的指导意见》
煤炭	2022年5月10日	国家发展和改革委员会	《煤炭清洁高效利用重点领域标杆水平和基准水平（2022年版）》
可再生能源	2022年6月1日	国家发展和改革委员会等九部门	《"十四五"可再生能源发展规划》
轻工业	2022年6月17日	工业和信息化部等五部门	《关于推动轻工业高质量发展的指导意见》
信息通信	2022年8月22日	工业和信息化部等七部门	《信息通信行业绿色低碳发展行动计划（2022—2025年）》
有色金属	2022年11月10日	工业和信息化部等三部门	《有色金属行业碳达峰实施方案》
建材	2022年11月8日	工业和信息化部等四部门	《建材行业碳达峰实施方案》

（三）中国"双碳"目标支撑体系

碳达峰碳中和方案需要来自科技创新、财政金融价格体系、碳排放标准计量体系、全民绿色低碳行动等多方保障方案，如表1-7所示。

表1-7　中国"双碳"目标政策支撑体系

	时　间	发布单位	方案名称
绿色低碳科技创新行动	2022年4月2日	国家能源局、科学技术部	《"十四五"能源领域科技创新规划》
	2022年8月18日	科学技术部等九部门	《科技支撑碳达峰碳中和实施方案（2022—2030年）》
绿色低碳全民行动	2022年5月7日	教育部	《加强碳达峰碳中和高等教育人才培养体系建设工作方案》
碳排放统计核算体系	2022年3月15日	生态环境部办公厅	《关于做好2022年企业温室气体排放报告管理相关重点工作的通知》
	2022年10月18日	国家市场监督管理总局等九部门	《关于印发建立健全碳达峰碳中和标准计量体系实施方案的通知》
	2022年12月19日	中共中央、国务院	《关于构建数据基础制度更好发挥数据要素作用的意见》
"双碳"财政金融体系	2021年11月27日	国资委	《关于推进中央企业高质量发展做好碳达峰碳中和工作的指导意见》
	2022年3月1日	上海证券交易所	《上海证券交易所"十四五"期间碳达峰碳中和行动方案》
	2022年5月13日	中国银保监会	《银行业保险业绿色金融指引》
	2022年5月31日	财政部	《财政支持做好碳达峰碳中和工作的意见》
	2022年5月31日	国家税务总局	《支持绿色发展税费优惠政策指引》

三、中国"双碳"承诺的影响

中国提出的2060年之前实现碳中和的目标，是迄今为止各国中作出的最大减少全球变暖预期的气候承诺，对全球气候治理起到关键性的推动作用。该承诺与中国高质量发展目标相一致，与中国和全人类可持续发展目标相一致。习近平总书记系列重要讲话和党中央决策部署为推动气候环境治理和可持续发展擘画宏伟蓝图、指明道路方向，彰显了我国坚持绿色低碳发展的战略定力和积极应对气候变化、推动构建人类命运共同体的大国担当，得到国际社会高度赞誉和广泛响应。中国的碳达峰与碳中和战略，不仅是全球气候治理、保护地球家园、构建人类命运共同体的重大需求，也是中国高质量发展、生态文明建设和生态环境综合治理的内在需求。

作为最大的发展中国家，中国主动承担应对气候变化国际责任，为其他国家加强气候行动作出了良好的表率，推动建立全球气候治理体系进入新时代。当前，全球经济格局正在重塑，新冠疫情触发了单边主义的回潮，使得全球气候治理的前景受到更多的关注。中国作为全球碳排放量最大的国家，能够在全球经济增长放缓的情况下主动提出碳中和目标，有力回击了单边主义及逆全球化带来的影响，对于推动《巴黎协定》目标的达成具有重要的意义（阮云志，2020）。从全球气候治理的参与者到贡献者再到引领者，中国在全球气候治理领域角色的变化，既是维护国家利益、促进国内可持续发展的内在需要，也是发展中大国的责任担当，更是推动构建人类命运共同体的历史使命。

实现碳达峰和碳中和，是党中央、国务院立足国际、国内两个大局作出的重大战略决策，对我国生态文明建设、引领全球气候变化治理、实现"两个一百年"奋斗目标具有重大意义。"30·60目标"彰显了我国走绿色低碳发展道路的坚定决心，为世界各国携手应对全球性挑战、共同保护好地球家园贡献了中国智慧和中国方案，体现了我国主动承担应对气候变化国际责任、推动构建人类命运共同体的大国担当，向国际社会充分展示作为负责任大国坚持绿色低碳、建设一个清洁美丽的世界的决心和信心，赢得了国际社会的高度认可。英国广播公司（BBC）称其为"非常鼓舞人心的一步"。美国《纽约时报》称，中国若实现该承诺，将对减缓全球变暖作出重大贡献。此外，俄罗斯、希腊、瑞士等海外媒体也对中国碳中和目标给出高度评价[1]。

第四节　中国各省份的"双碳"目标、战略和行动

一、中国各省份的碳中和实践概览

（一）地区积极响应国家碳中和目标

2021年以来，为推动碳达峰、碳中和工作，各省份纷纷印发省内的《关于完整准确全面贯彻新发展理念　做好碳达峰碳中和工作的实施意见》。中国大部分地区在"十四五"规划和政府工作报告中积极响应国家碳中和政策。

---

1 中国经济网. 中国主张为国际社会指明前行方向——海外媒体高度评价习近平主席在出席联合国成立七十五周年系列高级别会议时发表的重要讲话[EB/OL]. (2020-09-26)[2023-11-02].

截至目前已有 19 个省（自治区、直辖市）正式印发了碳达峰实施方案，包括北京、上海、天津、江苏、湖南等省份，部分地区"双碳"实施方案如表 1-8 所示。

表 1-8　中国部分省（自治区、直辖市）"双碳"实施方案

省（自治区、直辖市）	时　间	发布单位	方案名称
北京市	2022 年 10 月 11 日	北京市人民政府	《北京市碳达峰实施方案》
	2023 年 6 月 7 日	北京市碳达峰碳中和工作领导小组办公室	《北京市可再生能源替代行动方案（2023—2025 年）》
福建省	2022 年 8 月 22 日	中共福建省委、福建省人民政府	《关于完整准确全面贯彻新发展理念 做好碳达峰碳中和工作的实施意见》
广东省	2022 年 7 月 25 日	中共广东省委、广东省人民政府	《关于完整准确全面贯彻新发展理念 推进碳达峰碳中和工作的实施意见》
	2023 年 2 月 7 日	广东省人民政府	《广东省碳达峰实施方案》
广西壮族自治区	2022 年 5 月 13 日	中共广西壮族自治区委员会、广西壮族自治区人民政府	《关于完整准确全面贯彻新发展理念 做好碳达峰碳中和工作的实施意见》
贵州省	2022 年 11 月 4 日	贵州省人民政府	《贵州省碳达峰实施方案》
海南省	2022 年 8 月 22 日	海南省人民政府	《海南省碳达峰实施方案》
河北省	2022 年 1 月 5 日	中共河北省委、河北省人民政府	《关于完整准确全面贯彻新发展理念 做好碳达峰碳中和工作的实施意见》
	2023 年 2 月 28 日	河北省科技厅、省发展改革委、省工业和信息化厅、省生态环境厅等	《河北省科技支撑碳达峰碳中和实施方案（2023—2030 年）》
河南省	2023 年 2 月 6 日	中共河南省委、河南省人民政府	《河南省碳达峰实施方案》
	2022 年 2 月 23 日	河南省人民政府	《河南省"十四五"现代能源体系和碳达峰碳中和规划》
湖南省	2022 年 3 月 22 日	中共湖南省委、湖南省人民政府	《关于完整准确全面贯彻新发展理念 做好碳达峰碳中和工作的实施意见》
	2022 年 10 月 8 日	湖南省人民政府	《湖南省碳达峰实施方案》
吉林省	2021 年 11 月 30 日	中共吉林省委、吉林省人民政府	《关于完整准确全面贯彻新发展理念 做好碳达峰碳中和工作的实施意见》
	2022 年 8 月 1 日	吉林省人民政府	《吉林省碳达峰实施方案》
江苏省	详见本章第四节第二部分		

续表

省（自治区、直辖市）	时　间	发　布　单　位	方　案　名　称
江西省	2022 年 4 月 6 日	中共江西省委、江西省人民政府	《关于完整准确全面贯彻新发展理念　做好碳达峰碳中和工作的实施意见》
	2022 年 7 月 18 日	江西省人民政府	《江西省碳达峰实施方案》
内蒙古自治区	2022 年 6 月 28 日	内蒙古自治区党委、自治区人民政府	《关于完整准确全面贯彻新发展理念　做好碳达峰碳中和工作的实施意见》
	2022 年 11 月 17 日	内蒙古自治区人民政府	《内蒙古自治区碳达峰实施方案》
上海市	2022 年 7 月 28 日	上海市人民政府	《上海市碳达峰实施方案》
四川省	2022 年 3 月 31 日	中共四川省委、四川省人民政府	《关于完整准确全面贯彻新发展理念　做好碳达峰碳中和工作的实施意见》
	2022 年 12 月 31 日	四川省人民政府	《四川省碳达峰实施方案》
天津市	2022 年 8 月 25 日	天津市人民政府	《天津市碳达峰实施方案》
浙江省	2022 年 2 月 17 日	中共浙江省委、浙江省人民政府	《关于完整准确全面贯彻新发展理念　做好碳达峰碳中和工作的实施意见》
	2023 年 2 月 21 日	浙江省经济和信息化厅、浙江省发展和改革委员会、浙江省生态环境厅	《浙江省工业领域碳达峰实施方案》
重庆市	2021 年 1 月 26 日	重庆市生态环境局	《重庆市规划环境影响评价技术指南——碳排放评价》
	2022 年 2 月 15 日	重庆市人民政府办公厅、四川省人民政府办公厅	《成渝地区双城经济圈碳达峰碳中和联合行动方案》
	2022 年 7 月 9 日	重庆市人民政府	《以实现碳达峰碳中和目标为引领深入推进制造业高质量绿色发展行动计划（2022—2025 年）》
	2022 年 7 月 29 日	中共重庆市委、重庆市人民政府	《关于完整准确全面贯彻新发展理念　推进碳达峰碳中和工作的实施意见》
	2023 年 1 月 28 日	重庆市经济和信息化委员会、重庆市发展和改革委员会、重庆市生态环境局	《重庆市工业领域碳达峰实施方案》

续表

省（自治区、直辖市）	时　间	发布单位	方案名称
重庆市	2023 年 8 月 27 日	重庆市生态环境局	《重庆市减污降碳协同增效实施方案》
青海省	2022 年 12 月 19 日	青海省人民政府	《青海省碳达峰实施方案》
云南省	2022 年 5 月 21 日	中共云南省委、云南省人民政府印发	《云南省努力成为生态文明建设排头兵 16 条重点措施》
	2022 年 8 月 11 日	云南省人民政府	《云南省碳达峰实施方案》

（二）地区制定分行业碳达峰目标

碳达峰政策部署集中在能源、建筑、交通、生态、市场等领域。

在能源领域，全国大部分地区都提出将坚持和完善强化能源消费总量和强度"双控"制度，推进能源结构调整，包括控制煤炭总量、提升非化石能源占一次能源比重等。其中，上海、浙江、海南、安徽、新疆、宁夏、河南等给出了能源行业的具体量化目标。例如，上海计划到 2025 年煤炭消费总量控制在 4300 万吨左右，煤炭消费总量占一次能源消费比重下降到 30%左右，天然气占一次能源消费比重提高到 17%左右，本地可再生能源占全社会用电量比重提高到 8%左右。

在建筑领域，建筑节能是大部分地区在政策规划中都提到的努力方向，但目标的详细程度和力度有较大差异。其中，江苏为建筑业制定了最为详细的规划，到 2025 年全省绿色建筑规模总量保持全国最大，新建建筑能耗在 2020 年提高节能 30%的基础上再提升 30%，建筑碳排放强度力争全国最低；到 2030 年，住房城乡建设领域完成碳达峰任务。青海也为建筑业提出了具体目标，即加快既有建筑绿色化改造，推广绿色建材和装配式建筑，到 2025 年绿色建筑占新建建筑比例达到 70%。其他地区，如重庆、甘肃、福建、上海等地，提出了如发展绿色建筑、加快推动装配式建筑发展、提高建筑节能低碳水平的定性政策措施。

在交通领域，新能源汽车的发展是交通领域节能减排的重要抓手，海南、贵州、甘肃、上海、福建等地区对清洁能源汽车的数量、新建充电基础设施规模、公共领域的清洁能源汽车比例提出了具体要求。例如，海南将推广清洁能源汽车 2.5 万辆，公共领域新增和更换车辆 100%使用清洁能源汽车，电动汽车与充电基础设施总体车桩比在 2.5∶1 以下；贵州目标到 2025 年，新建充电基础设施 20000 个以上，新能源电动汽车充电保障能力提高到 3.5 千瓦/辆。

在污染协调治理方面，温室气体协同控制、空气污染治理、水污染治理、生活垃圾处理也是各地区重点关注的对象，北京、上海、浙江、宁夏、贵州等地对此提出了较高要求。例如，浙江计划实施温室气体和污染物协同治理举措，目标设区城市空气质量优良天数比例达到93%以上，地表水Ⅲ类及以上水质比例达到95%以上，所有设区城市和60%的县（市）建成"无废城市"。

在生态建设方面，大部分地区积极响应国家生态文明建设，一些地区进一步对造林绿化、水域质量提出了具体要求。例如，甘肃积极推进产业生态化、生态产业化，陕西计划创建国家生态文明试验区，浙江、贵州计划森林覆盖率分别达到61.5%、60%，安徽、辽宁目标造林面积分别为140万亩、202万亩。

在市场机制建设方面，随着全国碳市场建设进程的加快，山西、河南、黑龙江、吉林等地区纷纷开展碳统计、核查、监管等基础能力建设和地区碳市场建设。除碳市场外，碳汇市场、碳认证、气候投融资也是各地关注的热点，上海、四川、重庆等地已对上述领域作出较为详细的规划。

（三）各地区的碳达峰特色定位

我国幅员辽阔，各个地区的资源禀赋、发展水平有较大的差异，在碳达峰碳中和工作中也具有鲜明的区域特点。

1. 能源基地

能源富集地区根据自身的优势规划建设各具特色的能源基地。例如，青海将建成清洁能源示范省、国家储能发展先行示范区；内蒙古计划建设国家重要能源和战略资源基地；新疆建成"三基地一通道"的全国重要的清洁能源基地；甘肃将打造国家重要的现代能源综合生产基地、储备基地、输出基地和战略通道；山西计划基本建成绿色能源供应体系；安徽将推进绿色储能基地建设。

2. 零碳示范区

浙江、湖北、四川、吉林等工业发展较快的地区计划建设绿色产业基地，并建设"零碳"排放区示范工程。

3. 生态文明试验区

福建、重庆、陕西等地区计划创建国家生态文明试验区，并进一步开展低碳城市、低碳园区、低碳社区试点。

4. 其他特色区

上海将发挥国际金融中心优势，建设国际碳金融中心；黑龙江将探索发展碳汇经济，争取建设碳汇交易中心，建成全国碳汇经济大省。

二、中国省份"双碳"实践：以江苏省为例

国内各省内部的碳中和实践也遵循"1+N"思路，本节将以江苏省为例，具体展示中国省级区域如何在国家"1+N"体系下构建省级碳达峰碳中和政策体系，并介绍江苏省的重点领域、重点行业及支撑保障体系相关的政策文件。

（一）江苏省碳达峰、碳中和"1+N"政策体系

国家碳达峰、碳中和"1+N"政策体系中包含了各省、区、市的"双碳"目标，而在各省、区、市内，也同样有着"1+N"结构的"双碳"政策体系。一方面，江苏省出台了省级的"1"政策文件，即整体指导性文件。2022年1月，中共江苏省委、江苏省人民政府发布《关于推动高质量发展做好碳达峰碳中和工作的实施意见》，提出省主要目标为到2025年初步形成绿色低碳循环发展经济、有效控制碳排放等，到2030年经济社会绿色低碳转型取得显著成效、完善减污降碳协同管理体系等，到2060年全面建立绿色低碳循环发展经济体系和清洁低碳安全高效能源体系、能源利用效率达到国际先进水平、如期实现碳中和目标。2022年10月，江苏省人民政府发布《江苏省碳达峰实施方案》，提出2030年前二氧化碳排放量达到峰值，为实现碳中和提供强有力的支撑。此外，2022年11月25日，江苏省人大常务委员会通过了《关于推进碳达峰碳中和的决定》，提出将明确推进碳达峰碳中和的总体要求、构建推进碳达峰碳中和工作机制等。上述总体性指引文件均引领了江苏省"双碳"目标发展。

（二）江苏省"双碳"目标重点领域及重点行业

在重点领域方面，江苏省人大常务委员会发布的《关于推进碳达峰碳中和的决定》中提出要加快重点领域绿色低碳转型，具体包括七大领域：加快能源领域低碳转型、加快推动产业绿色发展、切实提升节能增效水平、全面提升城乡建设绿色低碳发展质量、持续推动绿色低碳交通运输体系建设、巩固提升生态系统碳汇能力及积极推进减污降碳协同增效。此外，中共江苏省委、江苏省人民政府发布《关于推动高质量发展做好碳达峰碳中和工作的实

施意见》提出了八项具体要求，包括构建绿色低碳转型、低碳高效产业结构、低碳安全能源利用体系、绿色低碳交通运输体系、低碳城乡建设发展体系、低碳创新技术应用体系、生态碳汇巩固提升体系及绿色低碳转型配套体系。在重点行业方面，江苏省人民政府发布的《江苏省碳达峰实施方案》中指出，推动重点工业行业包括钢铁、石化化工、建材等行业碳达峰行动。将此部分内容与本章第三节中中国"双碳"目标重点领域、重点行业部分内容对比可知，江苏省与国家高度重合。

（三）江苏省"双碳"目标支撑保障

江苏省人大常务委员会发布的《关于推进碳达峰碳中和的决定》中提出，要加强"双碳"目标的支撑保障体系建立，包括切实加强绿色低碳科技创新、不断完善政策支持体系、建立完善市场化机制、加快完善碳排放和碳汇统计核算体系、深入开展碳达峰碳中和宣传教育、加快形成科学高效的考核评价体系等六大方面。同样地，与国家政策等支撑保障体系对比可知，二者具有相似性。

江苏省"双碳"目标相关政策方案如表 1-9 所示。

表 1-9　江苏省"双碳"目标相关政策方案

时　间	发布单位	方案名称
江苏省"1"类政策方案		
2022 年 1 月 15 日	中共江苏省委、江苏省人民政府	《关于推动高质量发展做好碳达峰碳中和工作的实施意见》
2022 年 10 月 2 日	江苏省人民政府	《江苏省碳达峰实施方案》
江苏省"N"类政策方案		
2021 年 4 月 15 日	江苏省住房城乡建设厅	《关于推进碳达峰目标下绿色城乡建设的指导意见》
2023 年 1 月 12 日	江苏省工信厅、江苏省发改委、江苏省生态环境厅	《江苏省工业领域碳达峰及重点行业碳达峰实施方案》
2023 年 1 月 13 日	江苏省住房和城乡建设厅、江苏省发展和改革委员会	《江苏省城乡建设领域碳达峰实施方案》
2023 年 2 月 10 日	江苏省交通运输厅科技处	《江苏省交通运输领域绿色低碳发展实施方案》
2023 年 4 月 4 日	江苏省财政厅	《江苏省财政支持做好碳达峰碳中和工作实施方策》

三、国家和区域的碳中和目标间的关系

国家和区域层面的碳中和目标是统领目标与实施主体的关系，也是相辅相成、相互促进的关系，其共同目的是减少全国碳排放、应对全球气候变化。中国的"30·60目标"时间紧、任务重，"30·60目标"的实现不仅需要国家顶层设计，更需要各省、区、市的全力配合。

国家设定碳中和目标是为了引导社会向低碳发展转型，这不仅体现了国家层面的宏观战略，也为组织和项目提供了明确的发展方向。为实现这一目标，国家制定了2030年前碳达峰、2060年前实现碳中和的行动计划和行动方案，这涉及从国家层面进行总体设计，包括制定区域协调发展战略和差异化的低碳转型战略。

区域作为国家碳中和行动的具体执行者，需要将国家碳中和目标细化为区域碳中和目标，并负责实施。各区域的碳中和效果需要与国家碳中和目标保持一致，这与《巴黎协定》中全球温升目标与各国自主贡献目标的关系相似。为了确保目标的实现，需要定期对各地区的碳中和目标进行评估和更新。此外，各区域也应尽快制定科学、全面、涵盖全行业、量化的碳达峰和碳中和路线图，确保区域在实现碳达峰和碳中和的过程中采取有效、有序的行动，最终达到国家的整体目标。

从时间进程上看，在国家和行业具体碳中和方案还未完善前，各区域可以率先制定符合自身发展方向的碳中和方案，助力国家碳中和目标的制定。尤其是低碳试点地区和经济发达地区应发挥表率作用。区域也可首先做好碳盘查等基础设施建设，待国家碳中和方案出台后再制定详细、准确的地区碳中和行动方案。

第二章

碳中和不等于碳抵消——碳中和实现路径之关键问题分析

碳中和不等于碳抵消，碳中和的核心思想是要做到经济的发展和碳排放脱钩。通过低碳能源、先进的生产工艺及负排放技术等实现经济的发展对气候变化的影响最小化。碳中和的概念确实超越了单纯的碳抵消。它强调的是在经济发展过程中实现碳排放的减少或消除，使经济增长与碳排放之间不再存在正相关的关系。这种脱钩是通过多种方式综合作用实现的。

碳排放脱钩的核心在于经济的增长不再依赖于高碳能源，而是通过低碳能源的推广和清洁能源体系的构建来实现。经济增长的同时，二氧化碳排放量增速为负或者小于经济增速可视为脱钩，其实质是度量经济增长是否以资源消耗和环境破坏为代价。碳排放脱钩是经济增长与温室气体排放之间关系不断弱化乃至消失的理想化过程，即在经济增长的基础上，逐渐降低高碳能源消费量。这种转变意味着在经济持续增长的同时，二氧化碳排放量的增长速度将减缓甚至减少，实现经济增长与温室气体排放之间的解耦。

低碳能源的应用是碳排放脱钩的重要途径，低碳能源可实现碳排放"相对脱钩"。发展清洁能源，包括风能、太阳能、核能、地热能和生物质能等替代煤炭、石油等化石能源以减少二氧化碳排放。在能源领域，要构建清洁、低碳、安全、高效的能源体系，控制化石能源总量，提高利用效能，实施可再生能源替代行动，深化电力体制改革，构建以新能源为主体的新型电力系统。低碳能源的应用是实现这一目标的关键。通过大力发展风能、太阳能、核能、地热能和生物质能等清洁能源，可以有效减少对煤炭、石油等化石燃料的依赖，降低能源生产和消费过程中的碳排放。这些清洁能源不仅有助于减少温室气体排放，还能提高能源的安全性和可持续性。为了实现低碳能源的广泛应用，需要构建一个清洁、低碳、安全、高效的能源体系。这包括控制化石能源的总量，提高能源利用效率，实施可再生能源替代行动，以及深化电力体制改革。通过这些措施，可以逐步构建以新能源为主体的新型电力系统，提高能源供应的稳定性和可靠性。

实现碳排放脱钩的目标是确保经济增长不再以环境和资源的牺牲为代价，而是通过创新和转型，促进经济、环境和社会的协调可持续发展。这一过程不仅涉及技术层面的革新，如提高能效和采用清洁能源技术，也包括经济结构的优化，如发展低碳产业和推动绿色金融。社会意识的提高，如消费者对可持续产品的需求，以及政策层面的支持，如碳定价机制和环境法规，都是实现脱钩不可或缺的因素。

碳排放脱钩也强调能源需求侧的节能管理。这要求我们利用先进技术改进生产工艺，提升能源资源的利用效率，并特别关注提高用能设备的能效。在工业领域，实施绿色制造是关键，这包括采用环保材料、优化生产流程和减少废物产生。建筑领域则需要提升节能标准，通过绿色建筑设计、高效绝缘材料和智能建筑管理系统来降低能源消耗。交通领域也要形成低碳运输方式，如推广电动汽车、提高燃油效率标准和鼓励使用公共交通。此外，通过提高公众的节能意识和推广节能生活方式，可以进一步降低能源需求。政策制定者可以通过制定和执行节能标准、提供税收激励和补贴等措施来促进能源效率的提升。企业和组织也应投资于研发，寻找创新的解决方案来减少能源消耗和碳排放。

负排放技术在实现碳中和方面扮演着至关重要的角色，因为它们能够从大气中移除二氧化碳，而不仅仅是减少排放。这些技术包括造林和再造林，碳捕集、利用和封存（CCUS）技术，以及增强海洋碳汇等方法。造林和再造林通过植物的光合作用吸收大气中的二氧化碳，并将其储存在植物的生物量和土壤中。这不仅增加了碳汇，还有助于生物多样性的保护和土地的可持续管理。碳捕集、利用和封存技术则直接从工业排放源或大气中捕集二氧化碳，并将其安全地存储在地下，减少大气中的温室气体含量。这项技术对于实现难以减排行业的碳中和至关重要。海洋碳汇通过海洋活动，如海洋生物的碳循环过程，帮助吸收和储存二氧化碳。这可以通过海洋施肥、海藻养殖等方法来增强。提升生态系统的碳汇能力，需要强化国土空间规划和用途管控，确保森林、草原、湿地、海洋、土壤和冻土等自然生态系统得到有效保护和合理利用。这包括制定和实施保护措施、恢复退化的生态系统，以及推广可持续的土地管理实践。通过这些负排放技术和生态保护措施，可以进一步提升生态系统的碳汇增量，为实现全球碳中和目标作出贡献。

碳排放脱钩的目标是通过这些综合性措施，实现经济增长与环境影响的解耦，推动实现一个更加可持续和环境友好型的社会经济发展模式。总之，碳排放脱钩是一个多方面的系统工程，需要政府、企业和社会各界的共同努力。因此，碳中和不仅仅是碳抵消的概念，最重要的是自主减排，碳中和推动工业和能源实现技术变革、升级换代和高质量发展。

第一节　范围的确定

一、边界

确定碳中和边界是实施碳中和承诺的基础，要求对碳排放源和碳汇进行精确识别和分类，确保边界清晰，避免重复计算。对于国家、省份、城市等区域，边界通常依据行政区划确定，而组织层面则可能具体到街道门牌号和建筑物。产品碳中和的边界则根据产品单元确定，涵盖设计、功能结构、物料及工艺相同的系列产品，全生命周期考虑用能产品，非用能产品则考虑从摇篮到大门的阶段。同时，应明确指出哪些场地和活动不包含在碳中和边界内。边界的确定需要动态管理，以适应政策、技术等因素的变化，确保碳中和目标的实现既科学又公正。

二、温室气体的类别

确定碳中和的温室气体种类是否要包括二氧化碳之外的温室气体。区域层级碳中和项目选择的温室气体种类应和国家碳中和目标的温室气体类别相一致，以确保国家层面碳中和目标的顺利完成。组织、产品和项目层级可以根据其对应服务的碳中和机制确定，如果控制的温室气体类别少于碳中和机制确定的温室气体范围，则应在自我声明、承诺函、报告或证书等载体上明确，并阐明其合理性。

按照第五次 IPCC 评估报告，目前需控制的人为活动引发的温室气体种类有二氧化碳、甲烷、氧化亚氮、氢氟碳化物、全氟碳化物、六氟化硫和三氟化氮。二氧化碳在所有的人为排放的温室气体中占比最大，在 70% 以上[1]，也是导致温室效应最为主要的"罪魁祸首"。甲烷、氧化亚氮及其他温室气体排放量占比约为 15%、6% 和 2%。

---

1 世界资源研究所研究数据，2014 年统计值。

二氧化碳排放来源分为三类：能源（燃烧）释放的二氧化碳，其他工业生产中（非燃烧，如石灰生产中碳酸钙中释放的二氧化碳等）释放的二氧化碳，农业及其他活动中释放的二氧化碳，其中占比最大的二氧化碳排放来自能源领域。

甲烷是仅次于二氧化碳的第二大人为排放源，温室气体效应是二氧化碳的 25 倍左右。根据 IPCC 的观测值[1]，甲烷在过去 100 年的全球平均浓度增加了约 80%。甲烷人为排放的主要来源是煤炭行业、农业（水稻种植及养殖业）、油气行业、废弃物处理等。

氧化亚氮主要来源于农业，占比为 70%左右，人类对食物及动物饲料需求的增长将进一步增加全球氧化亚氮的排放。工业领域硝酸、己二酸的生产是氧化亚氮的主要排放源。此外，废弃物处理过程也是氧化亚氮的排放源之一。

工业过程是含氟气体的主要排放源，控制工业生产过程氢氟碳化物排放既有利于协同管控《蒙特利尔议定书》下的受控物质排放，也有利于推广全球低增温潜势氢氟碳化物替代技术和产品的应用，推广降低铝电解生产全氟碳化物排放的技术。电力设备是六氟化硫（SF_6）的主要应用场景，应加强电力设备的 SF_6 气体回收处理和再利用。三氟化氮主要用于火箭推进剂的氧化剂，也是微电子行业等离子体工艺中的优良的蚀刻气体，同时也是非常好的清洗剂。

三、时间属性

在国家目标的框架下，碳中和通常是一个年度概念，意味着每年的碳排放量需要通过相应的碳汇或碳抵消措施来实现平衡。这种时间属性要求碳排放和碳抵消在同一时间段内进行匹配，以确保每年的碳排放不会对大气中的温室气体浓度产生净增加。

为了鼓励各地、各机构、各行业和各组织积极参与碳中和实践，政策上允许在达到最终碳中和目标年份之前的时间段内，通过自愿碳减排机制下的减排项目或碳汇项目来积累减排量或碳汇量。这些项目可能包括造林和再造林，碳捕集、利用和封存技术，提高能效的措施等，它们可以在中和年份之前产生减排量或碳汇量，这些积累的碳汇可以用于抵消未来的碳排放。

这种做法有助于为组织和地区提供灵活性，允许它们根据自身情况规划

---

1 IPCC 气候变化 2014 综合报告。

和实施减排措施，同时为实现长期碳中和目标作出贡献。通过这种方式，可以逐步建立起碳中和的实践基础，促进技术进步和创新，为最终实现碳中和目标积累经验和能力。

第二节　碳排放量核算的关键问题

一、基准期和中和期的选择

实施碳中和之前，要摸清楚对象的碳排放情况。区域层级要分析产业规划及现状、功能区布局和减排及物质流循环水平等，查找与先进的区域布局的差距。企业和产品层级分析设计、生产和工艺、回收与处理等过程与当前行业内先进低碳技术的差异，寻找改进空间，确定改进措施。

项目和活动层级碳中和项目需要寻找其基准线情景，并预估项目及活动的减排量，因此项目和活动层面的碳中和是没有基准期的，只有中和期。

基准期和中和期应以年度来实施，如自然年度，也可以选择起始日期相同的 365 天。基准期和中和期之间可以有主动减排的时间安排。基准期通常选择碳中和起点的前一年，如果存在发展或生产不均衡的情况，也可以选择前三年或者前五年，这个时候就应以年平均来反映碳排放的情况。中和期通常选择一年来实施。

二、源与汇的处理

温室气体的"源"，就是指温室气体向大气排放的过程或活动，而温室气体的"汇"是指温室气体从大气中清除的过程、活动或机制[1]。大气中温室气体的源有自然源和人为源之分，目前大气中温室气体浓度升高的主要原因是人类活动引起的人为源的增加。

基准期内实施碳核查摸底的过程中，应识别碳中和范围内的所有排放源和碳汇项目。根据数据可得性及精度的需要，适当时可以忽略排放量不超过其总量1%的数据源，碳汇量的处理方式也可以适用此原则。

三、非额外性原则

在自愿碳减排机制下，减排量是否存在的前提是项目是否具备额外性，即这种项目及其减排量在没有减排机制支持的情况下，存在诸如财务效益指

---

1 《联合国气候变化框架公约》。

标、融资渠道、技术风险、市场普及和资源条件方面的障碍因素，靠项目业主所在的环境条件难以实现。一旦项目被证明在没有减排机制的支持下也能够正常进行商业运行，则项目就构成了基准线情景，不具备额外性。

而在碳中和目标下，碳汇项目的处理不用考虑自愿碳减排机制下的额外性原则，只需核算范围内基准期或者报告期扣除排放的碳汇总量。

减排项目的减排量一旦被其他碳中和实施方案纳入，则不应体现在本次碳中和实施方案中，如本碳中和项目边界内的光伏发电项目的电量及减排量如果被边界外的其他项目使用了，则本次碳核查就不应扣除该光伏项目的净电量或减排量。

第三节　减排对碳中和实现至关重要

一、主动减排

主动减排对实现碳中和至关重要，减排策略是碳中和最核心的要素。碳中和实施方案中必须包括主动减排计划，主动减排计划应根据基准期摸查到的源与汇的情况与行业先进实践或者先进技术对比，实施适当的诊断分析，碳中和企业应根据自己的实际情况制定适宜的减排计划。项目层级的碳中和负责方也应制定减排方案，实施尽可能的减排措施以确保项目主动减排。

区域层面可以考虑在规划层面及运行层面策划减排方案，并在能源、建筑、交通运输、农林及工业制造业等领域制定全方位的减排计划。企业、项目和产品层级则可以通过低碳、零碳技术及相应的减排管理实现其减排目标。

国家层面则可以通过政策和标准体系的制定、基础能力的建设、规划的实施、保障机制的设计，引领低碳能源革命、打造低碳产业体系、推动城镇低碳发展、推动部分地区和部分行业率先碳达峰、实施碳中和试点示范，实施区域或者行业的碳强度指标控制、建设和运行全国碳排放交易机制、加强低碳技术的研发示范和推广应用等。

能源方面：应优化利用化石能源，控制煤炭消费总量，加强煤炭清洁高效利用，大力推进天然气、电力替代交通燃油，积极发展天然气发电和分布式能源。在煤基行业和油气开采行业开展碳捕集、利用和封存的规模化产业示范，控制煤化工等行业碳排放。积极开发利用天然气、煤层气、页岩气，加强放空天然气和油田伴生气回收利用。加快发展低碳能源的发展，有序推进水电开发，发展安全高效核电，稳步发展风电，加快发展太阳能发电，积极发展地热能、生物质能和海洋能。坚持节约优先的能源战略，合理引导能源需求，提升能源利用效率。严格实施节能评估审查，强化节能监察。推动工业、建筑、交通、公共机构等重点领域节能降耗。实施全民节能行动计划，组织开展重点节能工程。健全节能标准体系，加强能源计量监管和服务，实施能效领跑者引领行动。推行合同能源管理，推动节能服务产业健康发展。

产业体系方面：将绿色打造成发展的底色，控制工业领域排放，加快产业结构调整，大力发展低碳农业，增加生态系统碳汇。将低碳发展作为高质量发展的重要动力，推动产业结构转型升级。依法依规有序淘汰落后产能和过剩产能。运用先进适用低碳技术改造传统产业，延伸产业链，提升企业低碳竞争力。降低农业领域温室气体排放。实施化肥使用量零增长行动，推广测土配方施肥，减少农田氧化亚氮排放，控制农田甲烷排放，选育高产低排放良种，改善水分和肥料管理。控制畜禽养殖温室气体排放，推进标准化规模养殖，推进畜禽废弃物综合利用。因地制宜建设畜禽养殖场大中型沼气回收利用工程。增加森林碳汇，实施森林质量精准提升工程，强化森林资源保护和灾害防控，减少森林碳排放。增强湿地固碳能力，积极增加草原碳汇，探索海洋等生态系统碳汇试点。

城镇低碳发展方面：在城乡规划中落实低碳理念和要求，优化城市功能和空间布局，科学划定城市开发边界，探索集约、智能、绿色、低碳的新型城镇化模式，开展城市碳排放精细化管理，提高基础设施和建筑质量，推进既有建筑节能改造，强化新建建筑节能设计和建设，实现宾馆、办公楼、商场等商业和公共建筑低碳化运营管理。因地制宜推广余热利用、高效热泵、可再生能源、分布式能源、绿色建材、绿色照明、屋顶墙体绿化等低碳技术。开展碳中和建筑试点示范。建设低碳交通运输体系，加快发展铁路、水运等低碳运输方式，推动航空、航海、公路运输低碳发展，完善公交优先的城市交通运输体系，发展城市轨道交通、智能交通和慢行交通，鼓励绿色出行。使用节能、清洁能源和新能源运输工具，完善配套基础设施建设。推行废弃物资源化利用和低碳化处置。倡导低碳生活方式。

二、碳抵消

碳抵消不能使用碳中和目标边界内的减排量或碳汇量。边界外的减排量或碳汇量由于碳中和对象的不同，必要时也可能具备时间属性。

应确保用于碳抵消的碳汇或减排量是初次使用，且不会被重复使用，碳中和认证机制应建立能够识别已被本机制使用的减排量或碳汇量的标识或追溯体系，便于查询和识别。

在碳中和的前期，为了鼓励企业实施相应的行动，在碳中和承诺阶段可以选择其中和期的中和比例，在实施主动减排措施后中和掉其承诺的碳排放比例，建议比例在20%以上。

第三章

区域层面碳中和实现路径分析

区域碳中和一般以地理范围划分，最为广阔的区域是整个地球，但因为数据采集、政策执行等问题一般不大可能实现，其次是国家或省市级地区范围的温室气体排放计算，更小的地理范围还包括园区层级。

第一节　国家碳中和特点及实现路径

一、温室气体的种类

温室气体的种类很多，不同的国家和地区纳入核算的温室气体不尽相同。《京都议定书》中规定控制的六种温室气体为：二氧化碳（CO_2）、甲烷（CH_4）、氧化亚氮（N_2O）、氢氟碳化合物（HFCs）、全氟碳化合物（PFCs）、六氟化硫（SF_6），后三类气体造成温室效应的能力最强，但就对全球升温的贡献百分比来说，CO_2 由于含量较多，所占的比例也最大。IPCC 第五次评估报告加入了三氟化氮（NF_3），很多国家和地区都已将 NF_3 纳入核算范围。

目前，温室气体较少采用直接测量或在线计量的方式核算，而是通过能源物料等的消耗量、排放因子和相应的系数，按照特定的公式计算得到。这个计算涉及计算哪些温室气体种类。2011 年我国确定开展两省五市温室气体试点的时候最初只计算了 CO_2，但是随着全国碳交易的开展，不同的行业纳入的温室气体种类不尽相同，CO_2 已不再是唯一的了。

目前存在两种大概率可能事件，第一种可能是只算 CO_2 排放，不算其他温室气体的碳中和目标；第二种可能是算《京都议定书》的六种温室气体，外加 IPCC 第五次评估报告增加的 NF_3 共 7 种气体。目前，国际上很多国家关于碳中和的目标年份都很清晰，但是对于要纳入的气体种类还没有明确。不排除一些国家只纳入除 CO_2 外的部分气体，譬如，新西兰最大的排放源是农业，2019 年 11 月该国通过的一项法律为除生物甲烷（主要来自绵羊和牛）

外的所有温室气体设定了净零目标，到 2050 年生物甲烷将在 2017 年的基础上减少 24%～47%。

二、碳中和承诺的方式

国家层面的碳中和承诺可以通过立法和政策两种形式来体现，它们各有特点和作用。立法承诺是将碳中和目标纳入法律框架，通过国家强制力确保其实施和达成。这种方式具有最高的权威性和约束力，能够为碳中和提供长期稳定的目标和行动指南。立法通常涉及明确的目标、时间表、责任主体、执行机制和监督措施，确保全社会的行动与国家碳中和目标一致。政策承诺则是政府基于当前情况和目标制定的行动方案，它相对灵活，可以根据实际情况进行调整。政策可以作为制定法律的基础，为碳中和目标的实现提供指导和支持。虽然政策不具备法律那样的强制性，但它们可以明确政府的意图和优先事项，影响公共和私营部门的行为。两种承诺方式相辅相成，法律提供了长远和稳定的框架，而政策提供了实现这些目标的具体途径和手段。政策的灵活性允许快速响应新的挑战和机遇，而法律的稳定性确保了碳中和目标不会因为短期的政治或经济波动而改变。

在实际操作中，政策可以作为先导，通过试验和示范项目探索有效的减排路径，为立法提供经验和依据。一旦政策得到验证和认可，可以通过立法程序将其转化为具有强制力的法律，确保碳中和目标的长期实施和实现。总之，无论是立法承诺还是政策承诺，都是国家实现碳中和目标的重要手段。关键在于如何根据国家的具体情况和需求，合理运用这两种方式，确保碳中和目标的实现既有法律的坚实基础，又有政策的灵活适应性。

三、目标分解和细化

已设定碳中和目标的国家基本将目标年份定在 2050 年和 2060 年。实现碳中和目标，尤其是在 2050—2060 年间达成，需要对这一宏伟目标进行细致的分解和细化，设计出清晰的实现路径。这一过程涉及将长期目标分解为短期目标和中期目标，确保每个阶段都有明确的目标和行动计划。

首先，需要对能源结构进行全面的规划和调整，明确太阳能、风能、氢能等可再生能源的发展规模和比例。这包括确定在特定地区建设多少光伏电站和风力发电设施，以及氢能和其他清洁能源技术的布局和推广。其次，要制定具体的行业减排策略，包括工业、交通、建筑和农业等部门的能效提升和低碳转型。这涉及技术创新、产业结构调整和能源消费方式的改变。最后，还需要考虑碳汇的增强，如通过植树造林、湿地保护等生态工程来提升自然系统的碳吸收能力。同时，探索和实施碳捕集、利用和封存（CCUS）技术，以解决那些难以通过直接减排实现的排放问题。

从碳达峰到碳中和，中国计划用大约 30 年的时间完成这一转变，相比欧美一些发达国家的 50 年，时间更为紧迫，挑战也更为巨大。这要求中国在政策制定、技术创新、资金投入和国际合作等方面采取更加积极和高效的措施。路径设计越细致，执行起来就越容易，目标实现的可能性也就越大。这需要政府、企业和社会各界的共同努力，通过科学规划、合理布局和有效执行，确保碳中和目标的顺利实现。

四、区域层面碳中和的特点

区域层面实现碳中和是一个复杂而全面的过程，它具有以下显著特点。

（一）经济发展与碳排放的深度脱钩

实现区域层面的碳中和是一个全面而深远的目标，它要求经济发展与碳排放之间实现深度脱钩。这种脱钩意味着，尽管经济规模可能继续扩大，但碳排放量通过技术创新、政策引导和市场机制得到有效控制，不再与经济增长正相关。在碳中和的区域，能源结构将发生根本性转变，以可再生能源和清洁能源为主导，同时，能源使用效率的提升和低碳技术的广泛应用将大幅降低碳排放。此外，社会意识的转变，公众对低碳生活方式的接受和实践，以及低碳产业的发展，都是实现碳中和不可或缺的组成部分。这需要政府、企业和个人共同努力，通过资金投入、技术研发和政策支持，构建一个可持续的低碳经济体系。

（二）能源的高度低碳化

在碳中和的区域，能源的高度低碳化是实现这一目标的关键。这涉及对能源结构的根本性调整，其中传统化石能源，如煤炭和石油的使用将显著减少。取而代之的是可再生能源的广泛应用，包括太阳能、风能、地热能、海洋能和生物能等，这些能源的开发和利用将为社会提供清洁、可持续的能源供应。同时，核能作为一种高效且清洁的能源，也将在确保安全的前提下得到充分利用，以满足日益增长的能源需求。

能源低碳化还包括提高能源使用效率，通过技术创新和系统优化减少能源消耗，以及开发和应用智能电网等先进技术，以更高效、更环保的方式管理和分配能源。此外，能源的高度低碳化还意味着对现有能源系统的改造和升级，以及对新兴能源技术的持续研发和投资，确保能源供应的可靠性和环境的可持续性。

实现能源的高度低碳化是一个长期且系统的过程，需要政策制定者、能源企业、科研机构和社会各界的共同努力，通过制定合理的政策、推动技术创新、加强国际合作及提高公众意识，共同推动能源转型，为实现碳中和目标奠定坚实的基础。

（三）区域碳排放达到零或负排放

实现区域碳排放的零或负排放是碳中和目标的最终体现，它要求区域内人类活动产生的二氧化碳能够通过自然过程和技术创新得到有效吸收或转化。包括利用植物的光合作用吸收大气中的二氧化碳，以及海洋对二氧化碳的自然吸收作用。此外，负排放技术，如碳捕集与封存（CCS），碳捕集、利用和封存（CCUS），以及增强的岩石风化等，都是实现负排放的关键技术手段。这些技术能够直接从大气中移除二氧化碳，或者将其长期储存于地下，从而减少大气中的温室气体浓度。

为了达到零或负排放，区域需要采取一系列综合性措施，包括但不限于提高能源效率、推广低碳技术和可再生能源、发展绿色交通系统、改善土地利用和森林管理等。这些措施需要与区域的经济发展、社会需求和环境保护目标相结合，形成一个协调一致的可持续发展战略。

此外，实现区域碳排放的零或负排放还需要政策支持、资金投入、技术创新和公众参与。政府可以通过制定相关政策和激励措施来引导企业和个人采取低碳行动，同时加大对低碳技术研发和应用的投入，推动形成低碳经济和社会发展模式。公众的环保意识和行为改变也是实现这一目标的重要因素，需要通过教育和宣传提高公众对气候变化的认识，鼓励大家采用节能减排的生活方式。

总之，区域碳排放达到零或负排放是一个多维度、跨领域的系统工程，需要政府、企业、科研机构和公众的共同努力和协作，通过科技创新、政策引导和行为改变，共同推动区域向碳中和目标迈进。

（四）低碳理念深入人心

低碳理念深入人心是实现碳中和目标的社会基础。这种理念的普及意味着公众对于节约资源、保护环境的认识和行动将达到一个新的高度。在碳中和的社会中，低碳生活不仅是一种选择，还成为人们日常生活的一部分，体现在每个人的行为习惯和消费模式中。

这种转变表现在多个方面：从家庭用电、用水的节约，到日常出行的绿色选择；从对食物浪费的减少，到对可持续产品和服务的偏好；从对环境友好型产品的支持，到积极参与社区和公共环境的保护活动。低碳理念的普及也促进了公众对气候变化问题的认识，增强了对政策制定者和企业在环境保护方面采取行动的期待和要求。

教育和媒体在推广低碳理念中扮演着重要角色。通过学校教育、公共宣传、社交媒体等渠道，低碳生活的知识、技能和价值观得以传播和强化。企业和社会组织也通过提供低碳产品和服务、开展环保活动等方式，鼓励和引导公众参与到低碳生活的实践中。

此外，政策制定者通过立法和激励措施，如碳税、补贴、绿色信贷等，为低碳理念的普及提供了支持和保障。这些政策不仅促进了企业和个人减少碳排放，也反映了社会对于可持续发展的重视。

总之，低碳理念深入人心是实现碳中和目标的关键，它要求社会各界共同努力，通过教育、宣传、政策引导和市场机制，推动形成全社会范围内的低碳生活方式和消费模式。这样的社会转变将为碳中和的实现提供坚实的社会和文化基础。

（五）低碳技术的高速发展

实现碳中和目标，低碳技术的高速发展是不可或缺的驱动力。这些技术涵盖从能源供应到需求侧管理的各个环节，包括但不限于智能电网、太阳能、风能等可再生能源技术，它们能够有效地替代传统的化石燃料，减少温室气体排放。同时，需求侧的能效提升技术，如建筑节能、工业过程优化、交通系统改进等，也是降低能源消耗和碳排放的关键。

碳捕集、利用和封存（CCUS）技术作为末端控制二氧化碳排放的手段，对于实现碳中和具有重要意义。CCUS技术能够从工业排放源或大气中捕集二氧化碳，并将其转化为有用产品或安全地储存于地下，从而减少大气中的温室气体浓度。

此外，低碳技术的高速发展还包括对现有技术的改进和创新，如提高能源转换效率、开发新型材料、优化能源管理系统等。这些技术的发展不仅能够提高能源使用效率，降低成本，还能够推动新的商业模式和产业的发展。

政策支持、资金投入、研发合作及市场机制的完善，都是推动低碳技术发展的重要因素。政府可以通过制定相关政策、提供研发资金、建立技术标准和认证体系等措施，来激励企业和研究机构加大在低碳技术领域的投入。同时，国际合作和技术交流也能够加速低碳技术的创新和应用。

低碳技术的高速发展是实现碳中和目标的重要途径，它需要社会各界的共同努力和协作，通过技术创新、政策引导和市场机制，共同推动低碳技术的广泛应用，为构建低碳社会提供坚实的技术支撑。

（六）低碳产业的空前发展

低碳产业的空前发展是实现碳中和目标的关键组成部分，它涉及技术创新、产业转型、市场机制和政策环境等多个方面。通过这些综合措施，可以推动经济向低碳、环保和可持续的方向发展，为应对全球气候变化提供坚实的产业基础。碳中和目标的实现将推动低碳产业经历前所未有的发展。随着社会对低碳技术和产品需求的增加，产业结构将进行优化和升级，以适应这一新的经济模式。低碳能源领域，如太阳能、风能、水能等可再生能源的开发和利用，将得到大规模扩展，成为能源供应的主导力量。

在低碳产业方面，包括低碳材料、绿色建筑、电动汽车和能源存储技术等，都将见证技术创新和市场扩张。低碳农业通过可持续的耕作方法和减少农业排放的实践，提高食品生产的环境可持续性。低碳制造业则通过采用清洁生产技术和循环经济原则，减少工业生产过程中的能源消耗和废物产生。

此外，一站式综合节能服务将成为支持企业降低能耗和碳排放的重要力量。这些服务可能包括能源审计、能效提升解决方案的设计和实施，以及持续的能源管理支持。低碳金融服务，如绿色债券、绿色基金和碳交易市场，将为低碳项目提供必要的资金支持，促进低碳技术的研发和应用。

随着碳中和目标的深入人心，相关的教育、培训和专业咨询服务也将得到发展，以满足市场对低碳知识和专业技能的需求。同时，政策制定者将通过制定激励措施和法规，为低碳产业的发展创造有利条件。

总体而言，区域层面的碳中和是一个涉及经济、能源、技术、社会等多个层面的系统工程。它要求我们在保持经济增长的同时，通过技术创新、政策引导和公众参与，实现碳排放的有效控制和减少，构建一个可持续的低碳社会。

五、实现路径

实现碳中和目标需要采取一系列综合性措施，包括对能源体系进行深度脱碳，通过加快可再生能源的开发和构建智能化电力系统，实现低碳能源对高碳能源的替代；同时，提升能源利用效率，通过严格控制能源消耗和推广节能技术，尤其是在 5G、人工智能等信息基础设施领域；此外，研发和推广低碳技术，如储能、氢能，以及碳捕集、利用和封存技术，促进这些技术与数字化技术的融合，并在钢铁、水泥等高耗能行业中实施；最后，通过土地绿化、森林资源管理和生态修复等措施增加生态碳汇，提高自然生态系统的固碳能力。这些措施共同构成了实现碳中和目标的综合策略，各国正根据自身情况研究和制定具体的实施路径。

区域层面实现碳中和是一个多维度、跨领域的系统工程，需要遵循以下实现路径。

（一）明确顶层设计

区域层面实现碳中和需要一个全面和协调的顶层设计，涉及制定一个清晰的发展战略和目标，确立一个实际可行的时间表和路线图，确保与社会经济发展的协调一致。这一过程需要产业和行业专家的深入参与，基于区域的具体情况，科学地规划能源的低碳化、产业的低碳转型、能源效率的提升及制度和标准体系的建设。同时，还需要构建一个全方位的交流平台，讨论和部署碳中和的关键任务和重点工程，并明确各级政府、企业和公众的责任与义务。

此外，还需要出台一系列配套政策和法律文件，建立保障机制，提高社会对碳中和重要性的认识，统一思想和行动方向。通过压实各行业和地方的主体责任，形成上下一致的政策体系，确保碳达峰和碳中和目标的如期实现。这包括发展低碳金融，引导资本流向低碳项目，支持技术创新和产业升级，同时建立碳排放监测、报告和核查机制，确保碳中和措施的有效实施。

（二）基础能力建设

基础能力建设是实现区域碳中和目标的前提和支撑。首先，必须加强碳排放的监测、报告和核查体系，确保数据的准确性和透明度，为政策制定和实施提供必要的数据支撑。随着碳中和的逐步推进，基础设施的转型成为关键，电力设施将从依赖高排放的化石燃料向以低排放的可再生能源为主、天然气和氢气储能为辅的方向发展。这一转型伴随着现有基础设施的自然退役和部分的强制退出，同时，风能、光伏、电力终端消费、储能，以及碳捕集、利用和封存等新兴产业的基础设施也将得到完善和扩展。

电网系统面临着大规模和不稳定的分布式可再生能源电力并网带来的复杂性，这要求电网提升其灵活性和扩展性。电网互联和智能电网的建设变得尤为重要，它们将支持以可再生能源为主、氢能为辅的能源结构，并结合储能技术，以满足日益增长的能源需求，同时确保能源供应的可负担性、可靠性和可持续性。

此外，基础设施的建设和升级需要考虑到技术的成熟度和成本效益，以确保转型过程的经济可行性和环境效益。政策支持、技术创新和市场激励机制的协同作用对于推动这一进程至关重要。通过这些措施，可以为实现碳中和目标提供坚实的基础，并确保区域经济社会的可持续发展。

（三）政策标准体系，出台碳中和相关制度

实现区域碳中和需要构建一个全面的政策标准体系，这是确保碳中和目标得以实现的关键框架。这包括制定一系列与碳中和相关的政策和标准，如碳定价机制、排放标准和能效标准，这些政策和标准将引导和规范各行业及企业的行为，促进低碳转型。

政策制定需要确保碳中和行动有法可依，有章可循。实施领导问责制，对在碳中和建设中表现不力的行政部门及相关领导干部或行政人员实行严格的问责，确保各项政策措施得到有效执行。此外，应丰富和完善不同层次的碳交易机制，推动多层次、多领域的碳市场发展，使碳交易成为碳排放的有效补充机制。碳交易机制能够为减排提供经济激励，促进企业采取更为积极的减排措施。

构建完整的碳中和金融机制体制至关重要。这包括建立包含碳要素的价格体系及价格形成机制，确保碳排放的成本和收益得到合理体现，使碳成为像其他生产要素一样重要的经济考量因素。同时，需要完善碳金融市场的运行机制，降低运行成本，提高效率。构建一个多层次、宽领域的碳金融体系，为碳中和项目提供资金支持，促进低碳技术和产业的发展。

这些政策和标准的制定与实施，可以为区域碳中和提供坚实的政策支持和市场机制，推动经济社会发展与生态环境保护的协调统一，实现可持续发展的目标。

（四）直接减排

直接减排是实现碳中和目标的重要组成部分，涵盖了提高能源使用效率、减少含碳能源使用及持续节能等多个关键方面。

首先，技术进步在发电、输电、配电及能源使用的各个环节都至关重要。这包括采用更高效的发电技术、改进输配电网络以减少损失，以及在最终用途上采用节能设备和智能管理系统。这些技术的提升有助于提高能源使用的效率，减少能源消耗，从而降低碳排放。

其次，减少含碳能源的使用是实现碳中和的核心。这要求我们逐步减少对煤炭、石油和天然气等化石燃料的依赖，转而使用风能、太阳能等可再生能源，以及氢能等无碳能源。这些清洁能源不仅能够提供持续稳定的能源供应，而且能够在使用过程中实现零碳排放。

最后，持续的节能措施也是必不可少的。这需要通过政策宣传和教育提高公众的低碳节能意识，鼓励人们在日常生活中采取节能行动，减少能源浪费。政府可以通过制定节能标准、提供税收优惠和补贴等措施来促进节能技术的应用和普及。

实现碳中和需要能源结构的根本转变，从依赖含碳能源向以无碳和低碳能源为主的能源系统过渡。这不仅是一个技术问题，也是一个社会经济问题，需要政府、企业和公众的共同努力和参与。通过直接减排措施的实施，我们可以有效地降低碳排放，推动经济社会的可持续发展，最终实现碳中和目标。

1. 能源持续低碳化和电力化

能源的持续低碳化和电力化是实现区域碳中和的核心路径之一。这一转型要求大力发展可再生能源，逐步减少对化石能源的依赖，并提升电力在终端能源消费中的比重。当前，我国电力在终端能源消费中的占比大约为25%，但根据1.5℃温控目标及2060年前实现碳中和的愿景，到2050年这一比例需要提升至70%左右。

随着碳中和的推进，电力将大规模替代化石能源的直接燃烧，这不仅涉及提高一次能源转化为电能的比例，还包括强化电力的清洁低碳属性。能源持续低碳化意味着能源行业需要进行深刻的结构调整，化石燃料作为基础能源供应的比例将大幅度降低，而风能、太阳能、生物质能等清洁能源将取而代之。在美国的碳中和行动计划中，煤炭预计将被完全替代，天然气和石油的使用也将大幅减少，分别降低75%和90%。天然气和石油将主要作为工业原料、特定的运输方式，以及在维持电力稳定中发挥作用的天然气发电站的有限能源。这表明，电力将成为能源终端消费的主要形式，而能源转换过程将变得更加重要。

先进的生物燃料精炼技术，以及通过电力生产氢气和合成燃料，将成为构建碳中和能源系统的关键组成部分。这些技术的发展和应用将有助于构建一个更加清洁、高效、可持续的能源体系。

为实现这一转型，需要政策支持、技术创新、基础设施建设、市场机制和公众意识的共同推进。政策制定者需要出台相应的激励措施和法规标准，促进清洁能源的发展和应用；科研机构和企业需要加大研发力度，推动能源技术的进步；基础设施建设需要与时俱进，以适应新能源的发展需求；市场机制需要完善，以促进清洁能源的经济性和可及性；公众意识的提升将有助于形成支持低碳生活方式的社会氛围。通过这些综合措施，区域层面的能源系统将能够实现根本性的低碳转型，为碳中和目标的实现奠定坚实基础。

2. 持续节约能源和提高能源使用效率

持续节约能源和提高能源使用效率是实现碳中和目标的关键措施之一。这一措施不仅涉及技术创新和管理优化，还包括在各个领域和层面上减少能源消耗、提升能源利用效率，从而降低单位 GDP 能耗。

由于风能、太阳能、生物质能等可再生能源在特定时间和地域内是有限的，因此，提高能源效率和持续节能对于减少对这些资源的依赖至关重要。这有助于减少为满足能源需求而进一步扩大可再生能源发电规模的压力。能源效率的提升和节能措施本身就是脱碳化战略的重要组成部分，它们在能源生产和消费的终端为碳中和作出贡献，可以被视为可再生发电能力的补充，是实现碳中和目标不可或缺的一环。

能源双控策略——控制能源消费总量和能源强度——将在碳中和的长期过程中持续发挥作用。这要求在能源、工业、交通、建筑、农业和社会生活等各个方面提高能源效率和节约能源。例如：

在工业领域，通过采用先进的制造工艺和设备，优化生产流程，减少能源浪费。

在交通领域，推广电动汽车和公共交通系统，提高燃油效率及排放准入标准。

在建筑领域，实施节能设计和绿色建筑标准，使用节能材料和技术。

在农业领域，采用节能的灌溉和耕作技术，提高农业生产效率。

在社会生活方面，提高公众的节能意识，鼓励使用节能家电和设备。

此外，政策制定者需要出台相应的激励措施和法规，如能效标签、税收优惠、补贴政策等，以促进节能技术的研发和应用。同时，加强对能源管理和节能技术的培训和教育，提高公众和企业的节能意识和能力。通过这些综合性措施，可以有效地降低能源消耗，提高能源使用效率，为实现碳中和目标作出积极贡献。

（五）推动部分地区和部分行业率先实现碳中和

推动部分地区和部分行业率先实现碳中和是一种分阶段、差异化的策略，旨在通过试点地区的成功经验，为其他地区和行业的碳中和工作提供可借鉴的模式。这种策略认识到不同地区在资源禀赋、工业基础、产业布局和经济发展程度上的差异，允许并鼓励条件成熟的地区和行业先行一步。

在全国范围内实现 2060 年前的二氧化碳中和目标，意味着需要一个灵活的时间表，允许不同地区根据自身情况制定合适的达峰和中和路径。一些地区可能因为拥有丰富的可再生能源资源、先进的技术和较高的经济发展水平而更早实现碳中和。这些地区可以成为试点，通过实践探索有效的减排技术和管理模式，形成可复制、可推广的经验和做法。

对于那些高能耗的行业、重工业城市和地区，可以设定一个合理的时间框架，允许它们根据自身转型的需要和可能性，逐步实现碳中和。同时，对于那些对经济社会发展至关重要的行业，可以在确保不影响整体碳中和目标的前提下，给予一定的灵活性，允许它们在稍后的时间实现碳中和。

这种差异化的策略需要政府在政策制定上进行精准施策，既要确保整体目标的实现，也要考虑到地区和行业的特殊性。通过提供政策支持、技术指导和资金激励，鼓励和引导有条件的地区和行业率先采取行动，通过示范效应带动其他地区和行业的碳中和进程。

此外，这种策略还需要建立一个公平的评价和激励机制，确保所有地区和行业在实现碳中和的过程中都能获得必要的支持，同时对于那些取得显著成效的地区和行业给予表彰和奖励，形成正向激励，推动全社会共同参与到碳中和的伟大事业中来。通过这种方式，可以逐步实现全国范围内的碳中和目标，构建一个清洁、低碳、可持续的未来发展模式。

（六）提升生态碳汇能力

碳汇是实现碳中和目标的自然解决方案，涉及通过自然生态系统的过程和活动来吸收和储存大气中的二氧化碳。这些活动主要包括植树造林、森林管理、植被恢复等，通过这些措施，植物通过光合作用吸收二氧化碳，将其转化为有机物质并长期固定在植物的生物量和土壤中。碳汇的作用在于增加地球的碳吸收能力，从而帮助抵消人类活动产生的碳排放。它们不仅有助于降低大气中的温室气体浓度，而且对于保护生物多样性、维护生态平衡和提高环境质量都有积极影响。为了有效利用碳汇，需要采取一系列措施，包括合理规划森林和其他植被的种植，加强森林资源的保护和管理，以及恢复退化的土地和生态系统。此外，科学研究和技术发展也可以提高碳汇的效率和可持续性，如通过选择高碳固定的树种和植被类型，以及采用先进的森林管理技术。

提升生态碳汇能力是实现碳中和目标的重要途径之一。自然生态系统作为地球上最大的陆地和海洋碳汇，能够通过光合作用等自然过程吸收和储存大量的二氧化碳。通过采取一系列措施，如植树造林、湿地保护、生态修复等，可以有效增强这些系统的碳汇功能，提高区域的碳吸收能力。碳中和并不意味着要实现碳的零排放，因为即使是在最强有力的减排路径下，某些行业和过程可能仍然会排放一定量的二氧化碳。在这种情况下，碳汇的作用就显得尤为重要。例如，中国华能集团的专家刘练波指出，即便在电力行业实施了极端的减排措施，到 2050 年前后，可能还会有约 15 亿吨的二氧化碳排放。为了实现碳中和，就需要依赖于碳汇和其他技术手段来抵消这些剩余的排放。

碳汇的类型包括但不限于森林、农业土地、海洋等自然和半自然系统。这些碳汇不仅可以通过自然生长过程吸收二氧化碳，还可以通过合理的土地管理和生态工程来增强其碳汇能力。然而，需要注意的是，可开发的碳汇资源是有限的，目前每年通过自然碳汇吸收的二氧化碳量在 7 亿～8 亿吨。

为了更有效地利用和增强碳汇能力，可采取的措施有植树造林、湿地保护与恢复、生态修复、农业管理、海洋碳汇等，也包括碳汇监测与评估、制定政策支持激励及国际合作等。通过这些措施，最大限度地利用自然生态系统的碳汇潜力，为实现碳中和目标作出贡献。同时，这也有助于保护生物多样性，提高生态系统的韧性，对抗气候变化带来的影响。

（七）二氧化碳捕集、利用和封存（CCUS）

二氧化碳捕集、利用和封存（CCUS）技术是实现碳中和目标的关键技术之一，它为那些难以通过其他方式减排的行业提供了一种有效的解决方案。CCUS 通过技术手段捕集二氧化碳，并对其进行利用或安全封存，防止其释放到大气中，从而降低温室气体的浓度。尽管碳中和并不意味着完全不排放碳，但 CCUS 技术能够帮助我们通过其他手段中和这些排放，实现净零排放。联合国政府间气候变化专门委员会（IPCC）的评估报告也强调了 CCUS 技术的重要性，指出如果没有 CCUS，大多数气候模式都不能实现减排目标，且减排成本将大幅增加。CCUS 不仅是实现碳中和的重大战略性技术，也是实现化石能源大规模低碳利用的唯一技术途径。为了推动 CCUS 技术的发展和应用，需要政策支持、技术创新、国际合作及持续的资金投入。通过这些措施，CCUS 技术将在全球减排努力中发挥更加重要的作用，帮助我们构建一个清洁、低碳、可持续的未来。

表 3-1 对比了直接减排、抵消、碳汇、CCUS 等数种碳中和路径的难度、成本、上限及使用范围等。

表 3-1　碳中和路径对比

方　式	难　度	成　本	上　限	使 用 范 围	限 制 条 件
直接减排	先易后难	逐步升高	有	广	不能无限减排
抵消	易	低	有	有限	政策
碳汇	易	低	有	有限	土地
CCUS	易	高逐步低	无	有限	CO_2 分散程度

实现区域碳中和需要政府、企业、公众和国际社会的共同努力，通过科技创新、政策引导、市场激励、国际合作等多种手段，形成全社会参与的碳中和行动体系。同时，还需要不断监测评估碳中和进展，及时调整和优化实施策略，确保碳中和目标的顺利实现。

（八）抵消机制

碳抵消作为一种补充策略，对于中和碳排放具有重要作用。它通常通过种植树木、实施节能措施或购买减排额度来实现，帮助个人或企业平衡其无法避免的碳排放。碳抵消在全球范围内的多个协议和市场中得到应用，如《京都议定书》中的相关机制，以及中国的碳交易市场。尽管许多国家已经宣布了碳中和目标，但这些目标的具体实现路径仍在探索之中。不同国家可能会根据其发展水平、资源禀赋和政策环境，制定各自的抵消机制。一些国家如瑞典，已经明确了通过国内政策实现大部分减排，剩余部分通过国际合作来实现的策略。表 3-2 列出了正在执行或者已经批准的碳抵消机制，这些机制各有优势和劣势，需要根据具体情况选择适合的机制来实现减排目标。

碳抵消机制的有效性和可持续性取决于对抵消碳源的明确界定，包括确定哪些类型的减排项目可以用于抵消，以及如何确保这些项目的长期性和环境完整性。同时，国际合作在碳抵消中扮演着关键角色，需要考虑不同国家和地区的碳减排量是否可以用于抵消，以及如何建立公平、透明的国际碳交易市场。此外，碳抵消机制需要严格的监管和透明度，以防止欺诈行为和双重计算问题。技术创新和资金支持也是关键因素，有助于降低碳抵消项目的成本并提高其可行性。随着各国逐步明确其碳中和路径，碳抵消机制将变得更加具体和规范化，成为实现全球碳中和目标的重要工具。

表 3-2　碳抵消机制

气候政策	机制	内　　容	减排量
《京都议定书》	清洁发展机制	清洁发展机制允许《联合国气候变化框架公约》附件一缔约方与非附件一缔约方联合开展二氧化碳等温室气体减排项目。这些项目产生的减排数额可以被附件一缔约方[1]作为履行他们所承诺的限排或减排量。对发达国家而言，CDM 提供了一种灵活的履约机制；而对于发展中国家来说，通过 CDM 项目可以获得部分资金援助和先进技术，有利于发展中国家最终实现《联合国气候变化框架协议》的目标	CERs
	联合履约机制	联合履约机制是《联合国气候变化框架公约》附件一缔约方之间以项目为基础的一种合作机制，目的是帮助附件一缔约方以较低的成本实现其量化的温室气体减排承诺。减排成本较高的附件一缔约方通过该机制在减排成本较低的附件一缔约方实施温室气体的减排项目	ERUs
	国际排放贸易机制	国际排放贸易机制允许《联合国气候变化框架公约》附件一缔约方之间相互交易碳排放额度，以降低温室气体减排活动对经济的负面影响，实现全球减排成本效益最优化。其核心是发达国家之间可以交易其在《京都议定书》规定的量化限制内的盈余排放量	EUAs
自愿减排	黄金标准	黄金标准是清洁发展机制和联合履约项目的质量标准，为清洁发展机制（CDM）和联合履约机制（JI）之下的减排项目，提供了第一个独立的、最佳的实施标准。这一标准可作为项目实施者的工具，用以保证项目的环境效益，这些项目相当于对可持续能源服务的新增投资	GS VERs

---

1 附件一缔约方/非附件一缔约方：《联合国气候变化框架公约》（以下简称公约）于 1992 年在联合国环发大会上通过，是国际社会在应对全球气候变化问题上进行合作的基本框架。目前约有 200 个国家或地区加入公约成为其缔约方，缔约方分为附件一缔约方和非附件一缔约方，非附件一缔约方包括的是发展中国家，而附件一缔约方则是发达国家，二者分别承担不同的责任。

气候政策	机制	内　　容	减排量
自愿减排	自愿减碳标准	减量可通过登录平台向国际核证碳标准（VCS）申请核发核证减排量（VCU）减量额度。VCS 是目前全球使用最广泛的自愿温室气体减排计划，VCS 允许经过其认证的项目将其温室气体减排量和清除量转化为可交易的碳信用额	VERs
中国碳交易机制	中国核证自愿减排	政府批准备案后所产生的自愿减排量，重点排放单位可使用符合要求的一定比例中国核证减排量（CCER）来一同完成配额清缴履约	CCER

需要特别强调的是，抵消不是万能的，更不是唯一的方式。区域碳中和途径应以科学途径为基础，在确定碳中和途径，充分实施直接减排，推动碳捕集、利用和封存等一系列措施最小化主体碳足迹后，将剩余确无法消除的碳排放进行抵消。区域碳中和途径也应根据实际情况和需要进行调整，充分考虑到区域主体的具体特征和背景。

第二节　部分国家碳中和路径实践

全球变暖带来的后果包括极地冰川融化、海平面上升、极端天气事件频发、土地沙漠化和海洋酸化等。联合国的报告指出，2000 年至 2019 年间全球气候灾害数量激增，比前 20 年增加了 83%。为应对这些挑战，许多发达国家已经设定了碳中和的时间表，如芬兰计划在 2035 年、瑞典和奥地利等国计划在 2045 年实现净零排放，而欧盟、英国、挪威、加拿大和日本等国家和地区则将目标定在 2050 年。一些发展中国家，如智利，也提出了 2050 年实现碳中和的计划。中国在 2020 年 9 月宣布了雄心勃勃的目标，即在 2030 年前实现碳达峰、2060 年前实现碳中和。这一目标不仅是中国响应全球气候变化的国策，也是基于科学论证的国家战略，体现了中国对现实情况的考虑和对未来发展的深远规划。通过这一目标，中国展现了其在全球气候行动中的领导力和决心，致力于推动绿色、低碳和可持续发展的转型。

目前，虽然全球有多个国家承诺实现碳中和，但根据公开信息，尚未有国家完全实现碳中和目标。中国政府提出了努力争取 2060 年前实现碳中和的宏伟目标，并通过构建碳达峰碳中和"1+N"政策体系、推动全国可再生能源装机和国土绿化等措施，积极稳妥推进碳达峰碳中和工作。其他国家如挪威、冰岛、新西兰和哥斯达黎加等，也提出了各自的碳中和计划或已经采取了一些措施来减少碳排放，但同样没有公开信息显示这些国家已经完全实现碳中和。因此，虽然全球多个国家正在积极推进碳中和工作，但目前还没有国家宣布已经实现碳中和。

近年来，特别是俄乌冲突后，欧洲对能源供应安全的重新评估进而影响了碳减排的进程和政策，如美国一度退出《巴黎协定》、欧洲恢复部分燃煤电厂、奔驰在 2024 年 2 月宣布放弃 2030 年全面实现电动化的计划等。这些被视为应急措施的举措与长期减排目标相悖，凸显了在全球减排进程中，地缘政治和经济因素可能对气候政策产生重大影响。尽管面临挑战，各国政府和国际组织仍在努力推动气候行动，以实现《巴黎协定》的目标。全球净零排放的实现需要清洁生产技术的巨大进步、清洁能源的重大变革、居民行为的改变，以及以可再生能源为主的能源供应结构的改变。同时，政府必须制定长期的政策框架，让政府的所有部门和利益相关者都能为变革做好计划，促进变革有序地过渡。

（一）欧盟

欧盟致力于实现碳中和目标，通过《欧洲绿色协议》和《欧洲气候法案》等关键文件，制订了全面的气候行动计划，表 3-3 列出了欧盟《欧洲绿色协议》中支撑碳中和目标实现的部门名称与目标。这些计划旨在推动经济各部门的绿色转型，确保到 2050 年实现温室气体净零排放。为此，欧盟采取了一系列综合性措施，包括清洁能源的推广与创新、循环经济的实施、建筑业的绿色改造、可持续交通体系的构建、健康环保食品体系的建立、生态系统的保护与恢复、零污染环境的创建等方面。这些措施共同构成了欧盟实现碳中和的策略，通过这些努力，欧盟旨在引导全球经济向低碳、循环和可持续的方向发展，为应对气候变化提供解决方案。

表 3-3 欧盟《欧洲绿色协议》中支撑碳中和目标实现的部门名称与目标

序号	部门名称	目标
1	交通	与 2013 年相比，到第三次碳预算时减少 29% 的交通排放，到 2050 年至少减少 70%。在 2023 年，建成 10 万个电动汽车充电站和 100 个加氢站
2	居民三产	与 2013 年相比，到第三次碳预算时减少 54% 的碳排放，到 2050 年至少减少 87%
3	农业	与 2013 年相比，到第三次碳预算时将农业排放减少 12%
4	森林-木材的生物量	抵消 15%～20% 的国家排放
5	工业	与 2013 年相比，到第三次碳预算时工业排放减少 24%，到 2050 年减少 75%

续表

序号	部门名称	目标
6	能源供应	2023 年可再生能源装机量达到 20.1GW，到 2028 年达到 44GW；到 2050 年，碳排放量比 1990 年下降 80%～95%
7	废弃物管理	与 2013 年相比，到第三次碳预算时减少交通运输排放 33%，到 2050 年至少减少 80%

（二）英国

英国政府为确保实现碳中和目标，推出了一系列战略规划和政策措施，表 3-4 列出了英国支撑碳中和目标实现的部门名称与目标。在能源领域，英国政府投入 2.4 亿英镑用于净零氢基金和 3.85 亿英镑用于先进核能基金，以支持清洁能源的发展。在交通领域，英国计划到 2030 年禁售新的汽油和柴油车辆，并要求新车销售中有一定比例达到超低排放标准，目标从 2035 年起所有新车实现零排放。同时，政府将投资 42 亿英镑改善城市公共交通，50 亿英镑用于发展公共汽车、自行车和步行设施，并资助 1500 万英镑用于可持续航空燃料的生产。在建筑领域，实施"未来家居标准"以提高能效。此外，英国还投入 10 亿英镑成立 CCUS（碳捕集、利用和封存）基础设施基金，以支持零碳和负碳技术的研发。这些措施共同构成了英国实现绿色工业革命和工业脱碳的战略布局。

表 3-4　英国支撑碳中和目标实现的部门名称与目标

部门名称	前景目标
交通运输部门	发展海上风电，到 2030 年，实现 40GW 海上风力发电装机量。 在 2023 年至 2032 年间，减排 2100 万 t 二氧化碳当量（CO_2e），相当于 2018 年英国排放量的 5%。 到 2050 年，海上风电网络可能为消费者节省至多 60 亿英镑，显著降低对沿海社区的环境和社会影响
	推动低碳氢发展，到 2030 年达到 500 万千瓦的低碳氢产能。 在 2023 年至 2032 年间，减少 4100 万 tCO_2e，相当于 2018 年英国排放量的 9%。 通过氢混合燃料，在不改变国内消费者经验的情况下，降低供暖和烹饪的碳排放，并将使用的气体排放量减少 7%
	加速向零排放车辆过渡，为购买电动汽车的消费者提供补贴，安装电动汽车充电桩，研发和批量生产电动汽车电池。 到 2032 年节约大约 500 万 tCO_2e，到 2050 年节约 3 亿 tCO_2e
	研发净零排放飞机、可持续航空燃料（SAF）和清洁海洋技术。 到 2032 年，清洁海洋可节省多达 100 万 tCO_2e，到 2050 年，可持续航空燃料可节省近 1500 万 tCO_2e

续表

部门名称	前　景　目　标
交通运输 部门	在 2023 年至 2032 年间，绿色公交车、自行车和步行可节省约 200 万 t CO₂e
建筑部门	在 2023 年至 2032 年间，减少 7100 万 tCO₂e，相当于 2018 年英国排放量的 16%
	到 2028 年，每年安装 60 万热泵
	按照未来住宅标准建造的房屋将是"零碳住宅"，二氧化碳排放量比按现行标准 建造的房屋低 75%～80%
其他	到 2030 年，推动在四个工业集群部署 CCUS，每年捕获和储存 1000 万 tCO₂e。 在 2023 年至 2032 年间，减少约 4000 万 tCO₂e，相当于 2018 年英国排放量的 9%

（三）美国

　　美国为实现碳中和目标，制定了《清洁能源革命与环境正义计划》和《建设现代化的、可持续的基础设施与公平清洁能源未来计划》等战略性文件，表 3-5 列出了美国支撑碳中和目标实现的部门名称与目标。美国的减排策略涵盖工业、建筑、农业、居民生活、能源及交通运输六大关键部门，各部门均设定了具体的减排目标。这些计划旨在通过推动清洁能源的使用、提升能源效率、发展低碳技术，以及鼓励可持续的生活方式等措施，全面减少温室气体排放，以实现碳中和的长远目标。

表 3-5　美国支撑碳中和目标实现的部门名称与目标

部门名称	前　景　目　标
工业部门	让美国的汽车工业凭借自有技术赢得 21 世纪的胜利
	到 2035 年实现电力行业零碳排放
建筑部门	大力投资于建筑能效的提升，包括完成改造 400 万幢建筑和新建 150 万套经 济适用房
	建设现代化的基础设施
农业部门	推进可持续农业和生态保护
居民生活部门	确保环境正义和公平的经济机会
能源部门	对清洁能源创新进行历史性投资
交通运输部门	实施美国清洁汽车计划

第三节　园区层级碳中和实现路径

　　随着中国提出的"30·60""双碳"目标，即碳达峰和碳中和战略的推进，零碳园区的建设成为众多园区开发商、大型央企和地方政府关注的焦点。这些园区致力于通过各种创新实践，实现能源的清洁利用和碳排放的最小化，甚至达到碳的净零排放。零碳园区，或称为碳中和园区，是指在一定区域内通过各种措施实现碳排放与吸收平衡的园区。尽管目前国际上尚无统一的零碳园区标准，但中国已有多个地方和组织开始探索和实施低碳或零碳园区的建设，如金风科技亦庄智慧园获得的国内首个可再生能源"碳中和"智慧园区认证，以及其他如海信江门零碳智慧园区、鄂尔多斯零碳产业园、青岛中德生态园、重庆 AI city 园区等实践案例。

为了指导和规范低碳园区的建设，一些地方政府已经出台了相关政策和标准。例如，上海市生态环境局发布的《上海市低碳示范创建工作方案》提供了低碳发展实践区和低碳社区的碳排放核算方法建议，涵盖了核算的领域、要素、方法和数据来源等关键点。深圳市生态环境局和发改委印发的《深圳市近零碳排放区试点建设实施方案》则从定义、申报要求、建设路径和碳排放核算方法等方面，为近零碳排放区的试点建设提供了具体指导。这些政策和标准的出台，为零碳园区的规划、建设和评估提供了重要参考，有助于推动园区实现能源结构的优化、能效的提升、可再生能源的利用及碳排放的减少，最终达到碳中和目标。随着更多地方政策的出台和实践经验的积累，零碳园区的定义和标准将逐渐明确，为全球低碳发展贡献中国智慧和中国方案。

一、园区碳中和的定义

零碳产业园区是一种新型的园区发展模式，它将碳中和理念全面融入园区的规划、建设和运营中。这种园区依赖于零碳操作系统，通过精准化的碳排放核算来设定碳中和目标，并规划实现这些目标的具体路径。园区利用泛在化的感知技术全面监测碳的生成和消减过程，并通过数字化手段整合节能、减排、固碳和碳汇等措施，实现智慧化管理。在零碳园区中，产业实现低碳化发展，能源实现绿色化转型，设施实现集聚化共享，资源实现循环化利用。目标是达到园区内部的碳排放与吸收自我平衡，深度融合生产、生态和生活，形成一种可持续的新型产业园区模式。

目前，中国国内尚未对零碳科技园区的概念进行明确界定，但随着"双碳"目标的推进，零碳园区的定义和实践正在逐步明确。零碳园区的建设注重零碳赋能产城融合、清洁能源供给、能效升级、科技生态协同降碳，以及数智技术助推智慧管理。同时，投资布局提供多维保障，并通过人园互动实现绿色引领。零碳园区的定义强调园区运营过程中包括范围三的碳排量全部中和，实现净零排放，并为用户提供零碳的产品和服务。值得注意的是，园区的全生命周期概念中，设计建造阶段和运营阶段的碳排放管理是分开的。由于建造阶段实现零碳排放在短期内较为困难，且考虑到存量园区的数量较多，通常所指的零碳园区将重点放在运营阶段的碳排放管理上，以实现长期的碳中和目标。

二、园区的碳排放来源

园区的碳排放主要来源于三个范围，即范围一、范围二和范围三的温室气体排放。

范围一的温室气体排放是园区直接控制的物理边界或资产内直接向大气排放的温室气体，如园区内燃煤锅炉的排放、园区拥有的燃油车辆等。这些排放源是园区直接运营活动的一部分，因此相对容易识别和管理。

范围二的温室气体排放涉及外购电力和热力的间接排放，即园区因使用外部提供的电力和热力而产生的间接排放。这部分排放虽然不是直接源自园区，但园区在使用这些能源时仍然承担了相应的碳责任。

范围三的温室气体排放是其他间接排放，包括园区生产经营活动中产生的所有其他排放，如物业运营、员工通勤、上下游产品（如购买设备、办公室装修、办公耗材等）及前端供应商产品中的碳排放。范围三的排放管理较为复杂，因为它涉及园区运营的整个供应链和价值链。

实现零碳园区的目标并不容易，因为需要综合管理园区的直接和间接排放，包括对前端供应商产品的碳排放进行控制。然而，一些大型园区可以通过实施碳汇项目，如植树造林、湿地保护等，来抵消一部分碳排放，从而向零碳目标迈进。此外，园区还可以通过采用可再生能源、提高能效、使用低碳技术和产品等措施，进一步减少碳排放，实现碳中和。

三、园区碳中和实现路径

园区实现碳中和的路径是一个全面而系统的过程，尤其对于新建园区，从规划设计阶段就开始着手是最为有效的方法，可以让零碳理念从一开始就融入园区的每个角落。通常情况下，实现零碳园区包括如下几个关键方面。

在能源方面，采取一系列综合性措施，确保园区在生产和运营过程中实现高比例的可再生能源使用。这包括在园区内安装屋顶光伏系统和光伏车棚，利用太阳能直接产生电力；在适宜地区部署小型风力发电设施，捕获风能并转换为电能；通过购买认证的可再生能源电力，确保园区消耗的电力完全来自清洁能源。此外，有条件的园区可以建设沼气热电联产设施和热泵系统，实现能源的高效循环利用，并配备储能电站及储热储冷装置，以平衡能源供需，确保园区能源供应的连续性和稳定性。通过这些策略，园区不仅能够减少对化石燃料的依赖，降低碳足迹，还能提高能源自给自足的能力，提升环境和经济的双重效益。

在建筑方面，实现园区碳中和的策略聚焦于显著降低能耗和提升能效。这涉及在建筑设计和建造过程中采用先进的节能技术和材料，如使用节能保温材料减少热量流失、安装遮阳板以降低日照带来的额外热量，以及使用三层玻璃窗户提高隔热和隔音效果。所有新建建筑均按照绿色建筑标准进行规划，以实现美国能源与环境设计先导评价标准（LEED）铂金级别认证，这代表了建筑在节能、环保和可持续性方面的高标准。园区内的建筑配备智能电表，这些电表与智能化的能源管理系统相连，实现能源使用的集中监控。这样的系统可以优化能源分配，提高能源使用效率，同时便于管理和维护。通过这些措施，园区的建筑不仅能够减少对能源的依赖，降低运营成本，还能为居住者和工作者提供一个更加舒适和健康的环境，同时减少对环境的影响，助力实现园区整体的碳中和目标。

在交通方面，园区实现碳中和的关键在于推动全面的电动化转型。这包括在园区内广泛使用电动汽车，并为此配置充足的充电站设施，以满足电动车辆的能源需求。此外，建立共享电动汽车租赁中心，可以鼓励更多人使用电动车辆，进一步减少化石燃料的使用。充电站使用的电力将来源于可再生能源，如风电和太阳能，确保充电过程的清洁和可持续。利用退役汽车电池作为储能设备，不仅可以提高能源利用效率，还能促进电池的循环利用。智能充电系统可以根据电网负荷和能源供应情况，自动调节充电时段和功率，优化电力使用。园区内还可以引入无人驾驶汽车、电动观光车和共享单车等多样化的电动交通工具，为园区内人员提供便捷、环保的出行选择。这些措施共同构成了一个低碳、高效、智能的交通系统，有助于显著降低园区的交通碳排放，推动实现碳中和目标。

在碳汇方面，园区实现碳中和的策略是多方面增加和创造碳汇项目，以提高园区的碳吸收能力。这包括在园区内外进行大规模的植树造林，规划并实施绿化项目，以自然的方式抵消园区产生的碳排放。此外，园区的建筑外墙可以安装藻类生物反应器，利用藻类在光合作用中高效率的二氧化碳吸收能力。藻类不仅能有效吸收二氧化碳，减少大气中的温室气体，还能吸收有害的废气如二氧化氮。这些藻类还可以被加工成绿色粉末，作为营养添加剂在化妆品和食品工业中使用，实现环境效益和经济效益的双重提升。除了自然和生物技术手段，园区还可以通过参与碳市场，购买负碳产品来实现碳中和。这种方式允许园区通过碳信用或碳补偿项目与自身的碳排量进行对冲，从而在碳排放交易体系内实现碳排放的净零增加。综合这些方法，园区可以在不同层面上增加碳汇，通过自然生态、技术创新和市场机制的结合，有效抵消碳排放，为实现碳中和目标作出贡献。

在管理方面，园区实现碳中和的关键在于全面采用数字化精细管理，利用先进的信息技术和智能系统优化资源配置和运营效率。能源管理上，园区通过部署楼宇运营系统（EBO）、电能管理系统（PEM）和智能微网系统（EMA），实现能源供应（包括风电、地热、沼气和光电等）与能源存储（如大容量电池、电动车储能和储热设备）及能源需求（热、冷、电负荷）之间的有效协同。这种系统集成提高了园区整体的运行能效，确保了运营阶段的碳中和。在运营和物业管理方面，园区通过数字化和智能化手段，实现精细化运营管理。这不仅减少了无价值耗能的运营活动，降低了能源浪费，还减少了对人力的依赖。通过智能化系统，园区能够更有效地监控和调节能源使用，优化维护工作，提高响应速度，降低管理成本。此外，园区的数字化管理还包括废物管理和水资源管理，通过智能监测和数据分析，提高资源回收和循环利用的效率，减少水资源的浪费。这种全面的数字化转型不仅提升了园区的可持续性，也为园区带来了经济上的节省和运营上的便捷。通过这些综合性的管理措施，园区能够在各个层面实现资源的高效利用和环境影响的最小化，推动园区向碳中和目标迈进。

通过综合措施的实施，园区在运营过程中确实能够显著减少碳排放，进而实现碳中和目标。这一过程涉及能源结构的优化、建筑能效的提升、交通方式的电动化、碳汇的增加及管理的数字化和智能化。这些措施不仅对环境产生积极影响，通过减少温室气体排放来对抗气候变化，而且还增强了园区的可持续性，提高了其市场竞争力。实施这些措施的园区，还能够吸引那些注重可持续发展和环保的企业与投资者降低运营成本、实现经济效益的提升。总之，园区通过实现碳中和，不仅履行了社会责任，保护了环境，还为自身的可持续发展奠定了坚实的基础。

第四节　园区碳中和示范案例

一、中庆新能源绿色近零碳产业园区

山东省德州市庆云县从绿电供应、绿色建筑、绿色交通、智慧能碳管理平台、多元碳汇及零碳认证六个维度推进中庆新能源绿色近零碳产业园区创建。依托丰富的太阳能、风能资源禀赋，通过存量风电项目的绿电交易引入园区、挖潜新上风电和光伏项目打造"源网荷储一体化"供应模式，实现园区绿电100%供应。

庆云县在绿电资源方面具有显著优势，风电和光伏的总装机容量在全市排名第一。2022年，庆云县的新能源发电量达11.4亿千瓦时，约为全社会用电量的1.2倍，这为发展储能产业提供了良好的条件。三峡庆云储能电站示范项目的建设和即将建成的二期项目，将进一步巩固庆云县在储能领域的地位。储能发展在庆云县已经形成了高地，三峡能源庆云储能电站二期示范项目的投产，将使庆云电站的总容量达到301兆瓦/602兆瓦时（最大充放电功率301兆瓦/总储容量602兆瓦时），为国家电网山东公司打造"庆云全域绿电供应示范区"提供了有力支撑。同时，庆云县还注重储能科研创新与人才培养，与山东科技大学、三峡集团等单位合作，共建储能学院，推动储能技术的研发和应用。中庆新能源绿色近零碳产业园的分区域规划（A区电芯、PACK区；B区储能系统生产区；C区电池材料生产及梯次再生利用区；D区钠离子电池区）有助于形成高度集聚的产业集群，促进上下游协同，提高产业链的整体效率。园区的建设和发展，将为庆云县带来显著的经济效益，预计年产值可达112亿元。总体来看，庆云县通过明确产业发展方向、规划建设绿色近零碳产业园、发挥绿电资源优势及推动储能发展，已经走出了一条以新能源破局产业困境的坚实之路。这些措施不仅有助于庆云县实现碳中和目标，也为地方经济发展注入了新的活力。

近零碳智慧园区的建设是一个全面而超前的规划过程，旨在构建一个以高比例绿电供应为核心的零碳能源系统，以此塑造园区的品牌形象并吸引优秀企业加入，共同构建起近零碳产业的架构。园区将支持企业实现产品绿色供应链认证，打造具有国际竞争力的零碳产品，从而巩固园区的产能基础。在短期内，园区将通过采购绿色电力确保100%的绿电供应，对现有建筑进行节能改造，启动绿色工厂和环境产品声明（EPD）等认证，并开展碳足迹评估。同时，园区还将制定中长期的零碳规划，为持续发展奠定基础。中长期目标包括开发新的可再生能源项目，建设绿色建筑，推广绿色交通，实施智慧能源和碳管理平台，以及开发多元碳汇项目，以实现园区的碳中和目标。此外，园区还将追求零碳认证，进一步提升其在可持续发展领域的地位和影响力。通过这些综合性措施，近零碳智慧园区将成为推动低碳经济发展的重要平台，为实现区域乃至全球的碳中和目标作出贡献。

（1）绿电供应。推动庆云已建成的9座风电场作为发电企业、中庆新能源绿色近零碳产业园作为电力用户参与绿色电力市场交易，在售电公司或电网企业通过双边协商的方式签订电力现货交易或中长期交易合同。充分利用园区土地资源、屋顶资源，建设分散式风电、屋顶分布式光伏，在园区内实现自发自用。同时，利用园区周边可利用土地，建设集中式光伏及风电项目，采用绿电直供方式引入园区，并合理配置一定比例储能设施，打造"源网荷储一体化"项目，在推动园区用能绿色化的同时，有效降低园区用电成本。图3-1和图3-2分别为园区屋顶分布式光伏案例和园区分散式风电运行案例。

图 3-1　园区屋顶分布式光伏案例

图 3-2　园区分散式风电运行案例

（2）绿色建筑。优化升级存量建筑，对园区内已有厂房、楼宇进行节能改造；严格管理增量建筑，推广建筑一体化设计及负荷优化、超高能效智能设备，降低建筑负荷、提升建筑设备效率，实现园区内建筑近零碳排放。

（3）绿色交通。在园区内建设"光储充换"一体化站，如图3-3所示，通过光伏优先消纳、余量存入储能、充满之后上网及储能夜充日放的原则，实现清洁能源存储就地消纳。

图 3-3 "光储充换"一体化站

（4）智慧能碳管理平台。智慧能碳管理平台如图 3-4 所示，可以实现碳管理数据及时、完整、规范地收集和存储；高效处理园区碳管理数据，实现碳管理数据处理的一体化、智能化；动态满足各类用户碳管理需求，包括满足政策合规及监管、实现碳排放、碳资产的精细化管理，为碳交易提供基础。

图 3-4 智慧能碳管理平台

（5）多元碳汇。以园区生态环境综合提升改造工程为抓手，在园区内建设绿色廊道，增加植被覆盖率，增强林木固碳能力；通过综合绿化、楼宇立体绿化、道路绿化等，提高碳汇能力。

二、鄂尔多斯市零碳产业园

鄂尔多斯是全球最大的产煤城市、煤电城市和煤化工城市，代表了化石能源为基础的工业体系。在"双碳"背景下，内蒙古自治区和鄂尔多斯市人民政府变挑战为机遇，充分利用当地丰富的再生能源资源和完备的工业制造体系，在全国率先打造新型电力系统，逐步实现工业体系去碳化，开启零碳产业园的新时代，致力成为中国传统工业区实现零碳转型的最佳实践样板，并在全球工业体系的零碳变革中贡献中国方案。

鄂尔多斯市零碳产业园示范项目由零碳供电系统和智慧用电园区组成，零碳供电系统由风电、光伏发电、储能系统组成，配套建设变电站和集电线路为鄂尔多斯零碳产业园供电,产业园通过现代信息、大数据、储能等技术,配套储能电站、规划配套电制氢系统,调动园区负荷侧调节响应能力,构建源网荷储多向互动、高度融合的发展路线。该项目应用源网荷储协调控制系统,实现源网荷储协同管理,更好地匹配出力和负荷;通过"方舟"碳管理系统追踪碳足迹,并逐步通过能源管理、绿电自用、以氢替碳、碳交易等方式打造国内"零碳产业园"样板间。2024 年 1 月,工业和信息化部公布了全国首批工业绿色微电网典型应用场景与案例名单。鄂尔多斯零碳产业园(蒙苏零碳产业园)成功入选该名单,成为全国首批 3 家工业绿色微电网典型应用工业园区。

鄂尔多斯零碳产业园位于伊金霍洛旗蒙苏经济开发区江苏工业园区西片区,是鄂尔多斯市政府、伊金霍洛旗政府携手远景集团打造的世界首创千亿级零碳产业园,鄂尔多斯零碳产业园规划情况:零碳产业园整体按照"一轴双核两区"进行布局,以零碳高科技产业为展示轴,配套商业商务核心、科技创新核心、产业区和生活服务区;着力通过构筑"1+2+5+8"的创新示范体系实现零碳构想(一个新型电力系统,一套国际标准和一个能碳管理平台,五大零碳产业链集群,八大创新示范的新型能源体系)。

鄂尔多斯零碳产业园具体通过构筑"1+2+5+8"创新示范体系实现零碳构想。

"1"是打造一个新型电力系统。依托鄂尔多斯高原的风光优势,在零碳产业园 150 千米范围内规划布局风、电场,为零碳产业园提供源源不断的绿电。通过建设微电网,实现 80%绿电自发直供,20%绿电上网交易。

"2"是发布一套国际标准和打造一个能碳管理平台。远景联合法国必维、中国标准化研究院等国际、国内具有影响力的权威机构,共同完善零碳产业园国际标准。目前《绿色电力应用评价方法》《零碳产业园建设规范》《零碳产业园碳计量体系规范》三项地方标准,已成为全国首批发布的省级零碳产业园标准。由园区企业参与牵头的首个零碳产业园相关国家级标准《低碳产业园建设导则》已获国家标准委立项。52 家规模以上企业在方舟试点平台上物联接入运行,并逐步在全市范围推广,实现能碳排放智能分析、动态监管,力争 2023 年推广应用"零碳绿码",为开展国际"零碳贸易"打好基础。

"5"是构建"风光氢储车"五大零碳产业链集群。目前,已形成头部企业示范带动、上下游产业跟进配套的产业发展格局。

"8"是到"十四五"末"风光氢储车"将实现千亿元产值。最终将形成全绿色电源供给、高比例新型综合储能系统、智能源荷互动微电网、智能物联能碳管理平台、国际零碳产业园标准、"风光氢储车"零碳产业链集群、绿色科技专家培育"硅谷"、零碳产业园全国全球推广样板八大创新示范。

　　远景集团在鄂尔多斯打造的零碳产业园遵循"中国典范、世界标杆"的定位，目标到"十四五"末实现"三千亿元绿色新工业产值、十万个绿色高科技岗位、一亿吨二氧化碳年减排"。远景鄂尔多斯零碳产业园已入选 COP27《2022 企业气候行动案例集》，并被写进世界经济论坛《产业集群向净零排放转型》报告。同时，在 COP28 上，凭借对全球脱碳和减排作出的重要贡献，鄂尔多斯零碳产业园在全球 1000 多个申报项目中脱颖而出，获得能源转型变革者大奖。鄂尔多斯零碳产业园创新实现了绿色零碳能源生产和负荷的有效集成，不仅推动了新型电力系统的建设，而且促进了绿色工业体系的发展，目前正扩展到欧洲、中东和东南亚地区，为全球工业零碳转型提供中国创新方案。

第四章

组织层面碳中和实现路径分析

组织层面的碳中和是应对全球气候变化的关键。组织是由个体或群体组成的社会实体，它们拥有共同的目标和明确的边界。在碳排放的背景下，企业作为组织的一种形式，因其生产活动消耗大量物料和能源，成为全球温室气体排放的主要来源。人类社会经济活动产生的温室气体排放来源主要为能源生产和工业制造过程，能源生产或工业制造主要在能源和工业企业控制下进行。因此，组织在温室气体排放和减排中扮演着关键角色，组织层面相关的温室气体排放为主要的排放源，组织是温室气体减排和实现碳中和的主体，如果全球主要组织都实现了碳中和，则全球的碳中和基本得以实现。

第一节　组织层面碳中和特点

组织在温室气体排放中扮演着复杂而多样的角色，它们不仅是排放的源头，也是推动低碳转型的关键力量。不同组织因其特定的生产方式、工艺技术及所使用的原辅材料，具有不同的温室气体排放源。

钢铁生产企业的排放主要来源于高炉炼铁过程中使用焦炭进行还原反应，这一过程不仅消耗大量能源，也产生显著的二氧化碳排放。

水泥生产企业的排放则主要来自熟料煅烧过程中的煤炭燃烧，以及在高温下石灰石分解自然产生的二氧化碳。

电子装配企业的排放则多属于间接排放，主要来自生产过程中使用的电力，而这部分电力可能来源于化石燃料的燃烧。

发电企业的排放直接来自燃烧化石燃料进行发电的过程，是能源行业中碳排放的主要来源之一。

这些排放源的多样性要求组织采取有针对性的减排措施，如改进工艺、提高能效、使用清洁能源和实施碳捕集、利用和封存技术。同时，组织也应积极投资研发，推动技术创新，优化供应链管理，以减少整个生产周期的碳足迹。组织层面的碳中和需要综合考虑直接排放和间接排放，通过制定科学的碳减排策略和实施有效的碳抵消措施，如通过植树造林增加碳汇或购买碳信用，来实现净零排放的目标。通过这些努力，组织不仅能够降低自身的环境影响，还能在全球范围内推动实现碳中和的共同目标。

组织在实现全球碳中和目标中扮演着至关重要的角色，它们通过一系列具体行动减少温室气体排放，并促进低碳经济的发展。这些行动包括如下四个方面。

（1）研发节能技术：组织致力于开发和部署先进的节能技术，这些技术能够提高能源使用的效率，减少能源浪费，从而降低温室气体的排放。

（2）生产高效产品：通过设计和制造既节能又环保的产品，组织能够确保产品在使用过程中的能效更高，减少能源消耗，进而减少温室气体的排放。

（3）投资清洁能源：组织通过投资太阳能、风能等清洁能源项目，不仅能够减少自身运营中的化石燃料使用，还能推动清洁能源的整体发展，为社会提供更清洁的能源选项。

（4）优化供应链管理：组织通过实施绿色供应链管理，从原材料采购到产品分销的每个环节都考虑减少碳足迹，促进整个供应链的可持续性。

组织通过这些措施，不仅能够提升自身的环境绩效，还能通过示范效应和市场影响力，带动供应链上下游及整个行业向低碳、环保的方向发展。这种自上而下的变革有助于推动整个社会向低碳经济转型，实现碳中和的全球目标。如果全球主要组织能够实现碳中和，即通过减排和碳补偿措施达到净零排放，全球碳中和的目标将更有可能实现。这不仅需要组织的积极参与，也需要政策支持、市场激励和技术创新的协同作用。

第二节　组织层面碳中和实现路径

组织层面碳中和实现路径主要包括四个步骤，即组织承诺、碳排放量化、自主减排、碳排放抵消。这四个步骤构成了组织实现碳中和的基本框架。组织需要持续监测和评估其碳中和进展，并根据实际情况调整策略和措施，以确保最终达到碳中和的目标。同时，组织还应该加强与利益相关方的沟通，提高透明度，展示其在应对气候变化方面的责任感和领导力。

一、组织碳中和承诺

组织承诺实现碳中和是展现其对环境责任和可持续发展承诺的重要一步。这一承诺不仅表明了组织减少温室气体排放的决心，而且体现了其致力于实现净零排放的明确目标。一个完整的组织承诺应该涵盖对实现碳中和目标的具体规划，包括设定清晰的时间节点、制订实现这些目标的行动计划，以及可能涉及的减排措施和策略。此外，这一承诺还应该包含对碳排放的量化、监测、报告和验证过程的透明度，确保组织的努力和进展能够受到内外部利益相关方的监督和认可。通过这种全面而公开的承诺，组织能够建立起信任，激励其成员、合作伙伴和社会各界共同努力，为实现全球碳中和目标作出贡献。完整的组织承诺应包含以下内容：

- 碳中和的边界，即碳中和目标下的物理边界和温室气体核算范围。
- 温室气体种类，如仅包含二氧化碳，还是纳入所有种类的温室气体。
- 实现碳中和的时间表。
- 减排手段，即计划实现温室气体减排的技术和措施。
- 所采用的碳抵消策略，包括对被抵消的碳排放量的估算，抵消的性质，以及碳信用额的类型。

碳中和承诺应通过官网或组织社交媒体向公众公开发布，如组织拟参与《联合国气候变化框架公约》"现在就气候中和"（Climate Neutral Now）倡议或科学碳目标（Science Based Targets initiative，SBTi）等碳中和计划，可按照要求填写承诺函，经组织最高管理者批准后正式提交给碳中和计划管理委员会。以蚂蚁集团为例，表 4-1 列出了企业碳中和目标和行动计划。

表 4-1 蚂蚁集团碳中和目标和行动计划

➢ 2021 年起实现运营排放（范围一、范围二）的碳中和 ➢ 2030 年实现净零排放 ➢ 自 2021 年起定期披露碳中和进展
蚂蚁集团碳中和行动计划： － 推进绿色园区建设，现有园区进行节能减排改造，提高能效；新建园区按照绿色建筑标准进行设计、建设与运营； － 激励员工绿色办公与绿色出行； － 积极稳妥推进绿色投资，共建"碳中和技术创新基金"； － 推动供应链减排，积极采用液冷等新技术、推动数据中心减排，建设绿色采购机制、全面推进无纸化采购； － 加强温室气体排放控制科学管理，碳排放核算和碳中和过程采用蚂蚁链存证，定期披露碳中和成果； － 审慎评估和使用碳抵消方案，投资森林及其他基于自然的解决方案，自 2021 年起，以员工名义种植"碳汇林"

二、组织排放量化

组织排放量化是实现碳中和过程中的关键一步，它要求组织形成一份完整和准确的温室气体排放清单。这一过程涉及对组织产生的所有温室气体排放进行详细核算，包括直接排放（范围一）、能源采购导致的间接排放（范围二）及其他间接排放（范围三），如供应链中的排放。

量化温室气体排放使组织能够清晰地了解自身的排放水平，从而识别出减排的潜在领域和优先级。这一步骤是制定有效减排策略的基础，也是监测和报告减排进展的前提。在进行排放量化时，组织通常会遵循国际认可的标准和指南，如 ISO 14064-1:2018《温室气体　第 1 部分：组织层面上对温室气体排放和清除的量化和报告的规范及指南》，这是目前最常用的量化和报告组织温室气体排放的国际标准。此外，世界可持续发展工商理事会（WBCSD）和世界资源研究所（WRI）联合发布的《温室气体核算体系：企业核算与报告标准》也提供了一套广泛认可的核算框架。通过这些标准和指南，组织能够确保其排放量化的过程是透明、一致和可靠的。这不仅有助于组织内部管理和决策，也增强了外部利益相关方对组织减排努力的信任。完成排放量化后，组织可以制定出切实可行的减排措施，并采取行动实现碳中和目标。

温室气体排放量化通常按照以下步骤进行。

（一）确定核算边界

组织进行业务活动的法律和组织结构各不相同，组织首先应确定组织温室气体核算的边界，采用选定方法界定组织的业务活动和运营范围，从而对组织温室气体排放量进行核算和报告。一般有两种温室气体核算边界确定方法可供选择：股权比例法和控制权法。

（1）股权比例法，组织根据其在业务中的股权比例核算温室气体排放量，如组织对某项业务的所有权比例为 50%，则此项业务产生的温室气体排放的 50% 纳入组织的核算范围。

（2）控制权法，组织对其控制的业务范围内的全部温室气体排放量进行核算，对其享有权益但不持有控制权的业务产生的温室气体排放量不核算。所谓控制与否，可以从财务或运营的角度界定。当采用控制权法对温室气体排放量进行合并时，组织须在运营控制或财务控制这两种标准之中作出选择。

① 财务控制权。如果一家公司对其业务有财务控制权，那么这家公司

能够直接影响其财务和运营政策，并从其活动中获取经济利益。

② 运营控制权。如果一家公司或其子公司有提出和执行一项业务的运营政策的完全权力，那么这家公司便对这项业务享有运营控制权。

采用运营控制权法确定组织温室气体排放核算边界是比较常用的方法，即组织核算具有运营控制权的业务产生的温室气体排放，对于不具有运营控制权的业务，排除在核算边界之外。

（二）识别温室气体排放源

温室气体排放一般包含下述来源。

固定燃烧：固定设施内部的燃料燃烧，如锅炉、熔炉、燃烧器、涡轮、加热器、焚烧炉、引擎和燃烧塔等。

移动燃烧：运输工具的燃料燃烧，如汽车、卡车、巴士、火车、飞机、汽船、轮船、驳船等。

工艺排放：物理或化学工艺产生的排放，如水泥生产过程中熟料煅烧环节产生的二氧化碳，石化工艺中催化裂化产生的二氧化碳，以及炼铝产生的全氟碳化物等。

无组织排放：设备的接缝、密封件、包装和垫圈等发生的有意和无意的泄漏，以及空调冷媒、废水处理、维修区、冷却塔、各类气体处理设施等产生的无组织排放。

联合国气候变化框架公约目前认可的温室气体包括 CO_2、CH_4、N_2O、HFCs、PFCs、SF_6 和 NF_3，组织温室气体量化通常应包含上述七种温室气体，并按照每种气体的全球变暖潜能值（GWP）折算成吨二氧化碳当量（tCO_2e）。

按照最新的 ISO 14064-1:2018 标准，组织的温室气体排放可分为以下六个类别。

类别 1：直接温室气体排放，包括组织边界内的固定源燃烧排放、移动源燃烧排放、工业过程排放、逸散排放等。

类别 2：输入能源的间接排放，即输入电力、热力等的间接排放。

类别 3：交通运输的间接排放，包括原辅材料从供应商到组织的运输过程排放，组织的产品运输至下游客户过程中的排放，员工通勤和差旅产生的排放等。

类别 4：组织使用的产品和服务的间接排放，包括组织采购的产品在制造过程的排放，组织输出的固体或液体废物处理过程的排放等。

类别 5：组织的产品使用过程相关的排放，包括组织出售的产品在整个生命周期内使用产生的排放，组织出售的产品在报废过程相关的排放等。

类别 6：其他间接排放源，未能纳入上述五个类别的特殊排放源，由组织自行定义此类排放。

在 ISO 14064-1 标准第 1 版（2006 年发布）中，把上述的类别 1 界定为"范围一"直接排放，类别 2 界定为"范围二"间接排放，类别 3、4、5 和 6 界定为"范围三"其他间接排放，范围一和范围二排放为必须报告项，范围三排放为可选报告项。

最新发布的标准（2018 年第 2 版），摒弃了范围的概念，把组织相关的排放划分为六个类别，体现了对组织能施加影响的价值链上游和下游的排放的关注，组织在数据可得的情况下应尽量准确地核算所有类别的排放。

组织由于业务、生产工艺、产品和服务等不同，上述各类别的排放占比差异较大，在量化组织温室气体排放时应先估算各类别排放的占比，根据排放占比识别重要排放源、次要排放源和微小排放源。对于重要排放源和次要排放源应重点核算，对于微小排放源可在数据可得的情况下尽可能准确地量化，对于数据不可得或数据准确性较差的微小排放源可根据适当的原则忽略。

组织在选择量化的排放源时可考虑遵循下述原则。

（1）100%纳入组织相关的类别 1 排放（直接排放）和类别 2 排放（输入能源的间接排放）。

（2）估算值超过组织总排放量 1%的其他排放类别应纳入考虑，除非该量化在技术上不可行或不符合成本效益。

（3）估算值小于组织总排放量 1%的排放源可排除在核算之外，但排除的排放量不应超过组织总排放量的 5%。

（三）选择量化方法

温室气体排放量计算一般包含排放因子法和物料平衡法。最普遍的温室气体排放量计算办法是采用排放因子来计算的。排放因子可参考《工业企业温室气体排放核算和报告通则》、国家发布的工业行业温室气体核算方法与报告指南、IPCC 评估报告等。

对于特定工艺过程的排放，如无对应的行业计算工具或指南，可采用基于具体设施或工艺流程的物料平衡法或化学计量法计算排放量。

量化方法选择

燃料燃烧是最常见的温室气体排放来源，其量化方法可很简单、亦可很复杂。

$$GHG\ 排放\ =\ 活动数据×排放因子$$

简单版：

- 活动数据来源于燃料供应商的结算单，全年的数据为期内结算数据加总。

- 排放因子来源于 IPCC 缺省值，不考虑未燃烧的碳，也不考虑其他温室气体排放（如 CH_4）。

复杂版：

- 活动数据（如天然气消耗量）采用两套平行的流量计计量，同时测量温度和压力并通过内置的电子模块计算出气体标准体积，测量误差<1.5%。

- 采用气相色谱仪测量出气体的成分，根据 ISO 10715 标准每小时 4~8 个样。

- 每小时或每天的排放因子根据测出的甲烷和其他 10 种气体的含量确定。

- 整套测量系统每天自动校准，每月定期校准。

- 气体的校准满足 ISO/IEC 17025 标准要求，气相色谱仪的厂家需经过 ISO 9001 的认证。

- 每年色谱仪要由经 ISO/IEC 17025 认可的实验室按照 ISO 10723 标准确认。

（四）计算温室气体排放

组织根据选择的量化方法计算各个排放源和类别温室气体排放，然后采用标准化的格式将计算数据汇总到组织层级，以便不同业务单元和设施收集的数据具有可比性。汇总温室气体排放量的基本方法有以下两种，组织可自行选择合适的汇总方法。

集中法：各处设施向组织报告活动数据/燃料使用数据（如燃料消耗量），然后在组织层级综合计算温室气体排放量。

分散法：各处设施收集活动数据/燃料使用数据后直接采用统一的方法计算它们的温室气体排放量，然后将这些数据报告到组织层级。

（五）编制组织温室气体排放清单和排放报告

在前述步骤的基础上，编制组织温室气体排放清单，有条件的组织可建立温室气体排放清单质量管理体系，管理温室气体清单结果，确保温室气体清单结果准确、透明、可追溯。组织一般性的温室气体清单质量管理措施包括以下方面。

1）数据收集、输入和处理活动

- 检查一个输入数据样本，看是否有转录错误。
- 识别对电子工作表进行必要的改动，使其能更好地进行质量控制或质量检查。
- 确保对已执行的电子文档实施适当的版本控制。

2）数据记录

- 确保电子工作表中的全部原始数据都有数据来源索引。
- 检查引用的参考资料副本已经归档。
- 检查已记录了用于选择边界、基准年、方法学、活动水平数据、排放因子及其他参数的假设与标准。
- 检查已记录了数据或方法学的变动。

3）计算排放量、核对计算过程

- 检查排放单位、参数和转换因子是否做了适当的标记。
- 检查计算过程从开始到结束，是否对单位进行适当标记和正确应用。
- 检查排放因子是否正确。
- 检查在电子工作表中的数据处理步骤（如公式）。
- 检查是否对工作表的输入数据和计算数据作出明确区分。
- 以手工或电子方式检查一个代表性样本的计算过程。
- 通过简化计算检查一些计算过程。
- 检查排放源类别、业务单元等的数据汇总。
- 检查输入和计算在时间序列上的一致性。

组织根据温室气体清单结果编制正式的温室气体排放报告，报告通常包含下述内容。

- 组织的描述。
- 人员职责。
- 报告覆盖时期。
- 组织边界描述。

- 报告边界描述，包括组织确定的定义主要排放源的标准。
- 直接 GHG 排放，CO_2、CH_4、N_2O、NF_3、SF_6、HFCs、PFCs 单独量化结果及转为吨二氧化碳当量（tCO_2e）的结果。
- 描述 GHG 清单如何处理生物源 CO_2 排放和清除，并单独量化。
- 直接 GHG 清除量（如有量化值）。
- 排除的主要 GHG 源和汇的理由。
- 单独量化的每个类别间接 GHG 排放。
- 选择的历史基准年及基准年 GHG 清单。
- 基准年的任何变化的解释或基准年清单的重算，以及重算导致的可比性的限制。
- 量化方法的参考来源或描述及其选择理由。
- 与之前选用的量化方法的变化的描述。
- GHG 排放或清除因子的参考来源或描述。
- 每项 GHG 排放或清除类别的不确定性对最终结果的影响。
- 不确定性评价及其结果。
- GHG 报告符合本标准的声明。
- 披露 GHG 清单、报告或声明是否经过核查，以及核查的类型及达到的保证等级。
- GWP 值及其来源，如果不是来源于 IPCC 气候变化评估报告，应说明排放因子的参考数据库及其来源。

温室气体清单和报告通常覆盖上一个自然年度，并以首次完整的温室气体清单核算年度作为基准年，后续年度清单数据与基准年进行比较。基准年清单应代表企业正常生产水平，如果组织结构发生较大的变化，如发生兼并、重组等，应重新核算基准年清单。

三、自主减排行动

组织在量化了碳排放之后，自主减排行动成为实现碳中和目标的核心环节。这要求组织在全面了解自身的排放状况基础上，积极采取一系列切实可行的措施来降低温室气体排放。这些措施包括但不限于以下方面。

- 提高能效：通过优化操作流程和技术升级，减少能源消耗，提高能源使用效率。
- 采用清洁能源：转向太阳能、风能、地热能等可再生能源，减少对化石燃料的依赖。

- 改进工艺：更新生产技术，采用更环保的生产工艺，减少生产过程中的排放。
- 更新设备：投资于高效、低碳的设备，替换老旧、高排放的设备。
- 优化供应链：通过选择环保的供应商和物流方式，减少供应链中的碳足迹。

组织需要在碳中和的大目标下，制订具体的年度减排目标和管理计划，确保减排行动的连续性和有效性。通常涉及建立系统的碳排放管理体系，包括监测、报告和验证组织内的碳排放情况，以及评估和跟踪减排措施的效果。图 4-1 展示了企业碳中和自主减排示意图。通过这些自主减排行动，组织不仅能够直接减少自身的温室气体排放，还能通过示范效应和市场影响力，推动整个行业乃至社会的低碳转型。这种自下而上的努力对于实现碳中和目标至关重要。

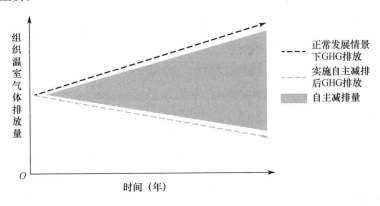

图 4-1　企业碳中和自主减排示意图

根据组织温室气体量化结果，深入了解和诊断组织能源消耗和温室气体排放情况，制定并实施碳中和自主减排方案。在组织可控范围内，碳中和自主减排方案大致可从以下五个方向出发。

（1）建设、完善能源管理体系和碳排放管理制度，安装有效能源监测计量设备并建立能耗监测、报告和分析制度。将过程分析方法、系统工程原理和策划、实施、检查、改进（PDCA）循环管理理念引入公司能源和碳排放管理。建立覆盖能源利用和碳排放全过程的管理体系，促进各部门构建节能减碳长效机制。

（2）淘汰高耗能机电设备，对现有的主要用能设备进行梳理，加快淘汰高耗能落后机电设备，持续提升重点用能设备能效水平。减少使用或在技术可行情况下替代 PFCs、HFCs 温室气体的使用，或使用增温潜势低的温室气体替代增温潜势高的温室气体。

（3）节能技术改造和应用，应用更低碳的生产工艺和技术，对生产工艺进行改造，减少生产过程中的化石燃料和原料的使用，用电力替代化石燃料，用生物质、氢气等替代化石原料。采用先进技术做好主要用能系统的节能改造，如空调通风系统、照明系统、变配电系统等。

（4）使用可再生能源和低碳清洁的能源，利用碳排放强度低的能源替代碳排放强度高的能源。例如，直接使用风力发电、光伏发电等可再生能源电站的电力，替代来自电网的电力；使用太阳能系统用于供暖或热水，减少电力的消耗等。

（5）投资开发负排放技术和项目，投资植树造林或自然生态修复等项目，通过植物光合作用吸收大气中的二氧化碳；投资二氧化碳捕集和封存项目等。

四、碳抵消实现碳中和

碳排放抵消是组织在尽力采取所有可行的自主减排措施后，针对剩余难以避免的碳排放所采取的措施。这一策略允许组织通过支持外部的减排项目来平衡自身的排放，实现碳中和。这些抵消活动可能包括以下几个方面。

- 植树造林：通过增加绿化面积，利用植物的光合作用吸收大气中的二氧化碳，形成碳汇。
- 投资可再生能源项目：通过投资太阳能、风能等项目，推动清洁能源的发展，减少对化石燃料的依赖。
- 购买碳信用：通过碳交易市场购买碳信用，支持那些减少温室气体排放的项目，如森林保护、甲烷减排等。

组织通过这些抵消措施，可以补偿其在生产和运营过程中未能减少的碳排放，达到净零排放的目标，是推动全球减排、促进可持续发展的重要途径。通过这种方式，组织能够展示其对环境责任的承担，同时在全球范围内为应对气候变化作出贡献。需要再次强调的是，组织碳中和途径应以充分考虑科学途径为基础，碳排放抵消仍应作为组织实现碳中和的一种补充手段，在考虑组织特征情况下，充分实施直接减排后的一种备选方案。图 4-2 展示的是企业碳抵消实现碳中和示意图。

组织实现碳中和所采用的碳抵消量通常应符合以下原则。

（1）购买的抵消额或碳信用额应真实地代表组织边界之外温室气体额外

的减排量。

（2）碳抵消额或碳信用额涉及的减排项目应满足额外性、永久性和避免重复计算等准则。

（3）碳抵消额应经过独立第三方认证。

（4）碳抵消额应在减排项目实际产生减排量后才能获得签发。

（5）碳抵消额应在组织用于实现碳中和抵消后一定时间内注销，如不能超过12个月。

（6）碳减排项目产生的碳信用额应由公开可获得的项目文档或登记簿系统支持，包括项目信息、量化方法学、审定及核证程序等。

（7）碳减排项目产生的碳信用额应在一个独立可信的公开登记注册系统保存或注销。

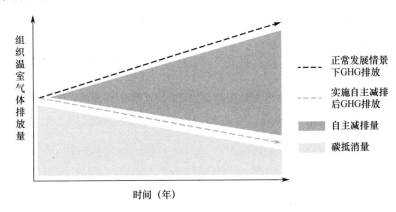

图 4-2　企业碳抵消实现碳中和示意图

目前，国际和国内常见的碳信用方案有清洁发展机制（CDM）、国际核证碳标准（VCS）、黄金标准（GS）及中国核证减排量（CCER）、碳普惠核证减排量（PHCER）等，组织可采购碳信用量来抵消剩余排放。除了通过组织外部减排项目产生的碳信用额来抵消组织的剩余排放实现碳中和外，组织也可通过投资负排放项目实现组织自身的净零排放。典型的负排放项目有林业碳汇项目、海洋碳汇项目、碳捕集和封存（CCS）项目。如果负排放项目从空气中吸收的二氧化碳与组织排放相同，则组织实现了碳中和状态。

投资负排放项目实现碳中和与采用碳信用额不同，组织投资的负排放项目应纳入组织总的核算边界，而采购碳信用额的减排项目必须在组织的核算边界之外，组织不能采用组织边界内的减排项目产生的碳信用额来抵消自身的碳排放。

第三节　组织层面碳中和示范案例

一、苹果公司碳中和实践

2020 年 7 月，苹果在官网承诺到 2030 年，实现全面碳中和，即在整个业务、生产供应链及产品生命周期实现"碳中和"，公司将首先做到比 2015 年减少 75%的碳排放，其次通过投资碳清除解决方案来处理剩余的排放量。

根据苹果公司碳排放量化结果，公司 2019 年总排放量为 2510 万吨二氧化碳当量，其中 75%为产品制造过程产生的排放，16%为产品使用过程产生的排放，6%为产品上下游运输过程产生的排放，如图 4-3 所示。公司的直接排放来源于备用柴油发电机消耗的柴油、办公室消耗的天然气、丙烷、车队的燃油排放等，占比小于 1%。公司各场所设施使用 100%可再生电力，因此公司范围二的间接排放为 0。

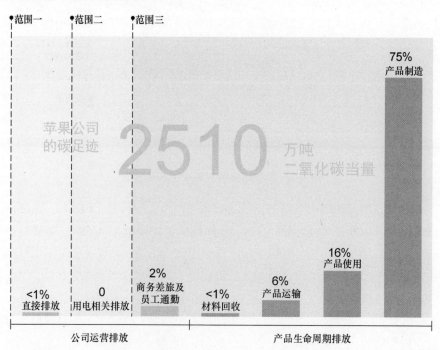

图 4-3　苹果公司 2019 年碳排放量化结果

资料来源：《2020 年环境进展报告》。

自 2011 年以来，苹果公司通过提高可再生电力的使用减少该公司范围一和范围二的排放，2019 年的范围一和范围二排放比 2011 年降低 71%，尽管期间能源使用量增长了 4 倍以上。图 4-4 展示了苹果公司 2011—2019 年排放情况。

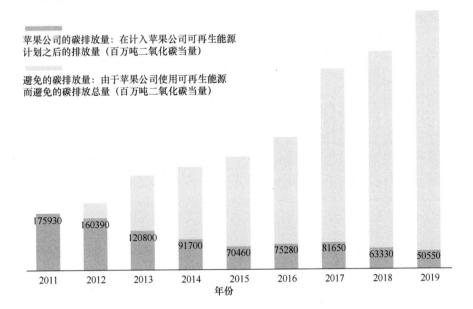

苹果公司的碳排放量：在计入苹果公司可再生能源计划之后的排放量（百万吨二氧化碳当量）

避免的碳排放量：由于苹果公司使用可再生能源而避免的碳排放总量（百万吨二氧化碳当量）

图 4-4　苹果公司 2011—2019 年排放情况

资料来源：《2020 年环境进展报告》。

除了使用可再生电力，苹果公司还通过生产技术改进等手段实现直接减排，如采购有史以来第一批商用无碳铝金属，减少原材料使用的碳排放；与集成电路和显示器供应商开展合作，更充分了解产品制造过程含氟温室气体排放情况，并评估减排策略，减少含氟温室气体的排放；通过推行远程办公、公共交通通勤、投放园区自行车、推广建设电动汽车充电桩等减少员工通勤的温室气体排放。

苹果公司制定了十年气候规划蓝图，图 4-5 展示了苹果公司过去和未来碳排放结果。为实现 2030 年碳中和承诺的目标，苹果公司作出了以下五方面的努力。

（1）低碳设计：以降低碳排放为宗旨来设计产品及制造流程。

（2）能源效率：在公司场所设施和供应链中提高能效。

（3）可再生电力：继续保持在公司场所设施 100%使用可再生电力，并推动整个供应链转用 100%清洁可再生来源电力。

（4）直接减排：通过技术解决方案或改用非化石类低碳燃料，避免直接的温室气体排放。

（5）碳清除：与减排措施并行，扩大对碳清除项目的投资，包括能够保护和恢复全球生态系统的自然解决方案。

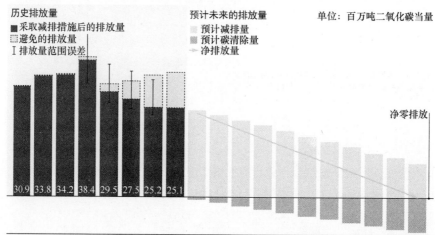

图 4-5　苹果公司过去和未来碳排放结果

资料来源：《2020 年环境进展报告》。

此外，苹果公司每年聘请第三方机构对公司综合碳排放进行验证，确认量化方法的准确性和稳定性，将不断重新审视并优化公司碳排放，最大限度地提高其准确度，并在必要时调整气候规划蓝图。

二、四川中烟碳中和实践

（一）碳中和承诺和时间表

四川中烟工业有限责任公司（以下简称四川中烟）响应国家关于绿色低碳发展的号召，坚持绿色发展理念，通过制定发布节能减排降碳、碳达峰碳中和行动方案等系列文件，提出节能减排降碳和污染防治的具体目标和行动方案，明确规划碳达峰碳中和时间表。

"十四五"期间重点健全和完善碳排放管理体系，通过提升能源利用效率、优化能源消耗结构、初步形成清洁能源干线运输等措施，为碳达峰打下坚实基础。"十五五"期间计划实现碳达峰，并在绿色低碳转型发展方面取得明显成效，绿色制造体系将基本建成，能源结构将更加清洁、低碳、安全、高效。非化石能源和可再生能源的消费比重将进一步提高，万元工业增加值能耗将大幅下降，能源利用效率将达到国际先进水平，同时继续完善绿色供应链管理和优化清洁能源干线运输。到 2060 年，将全面建成绿色低碳循环发展体系和清洁、低碳、安全、高效的能源体系，能源利用效率和单位产品能耗水平将达到行业先进水平，可再生能源消费比重将大幅提高，顺利实现碳中和目标。

（二）组织碳排放量化

组织排放量化是实现碳中和目标的基础性工作，它要求组织通过形成一份详尽的温室气体排放清单，对所有相关的排放进行量化。通过这样的量化过程，组织可以明确自身的排放水平，识别减排的潜在领域和优先级，为制定有效的减排策略提供数据支持。四川中烟通过委托第三方机构赛宝认证中心，按照国际认可的标准和指南 ISO 14064-1:2018《温室气体　第 1 部分：组织层面上对温室气体排放和清除的量化和报告的规范及指南》，进行年度的组织层面碳排放盘查工作。这种做法确保了排放数据的可靠性、真实性和公允性，为企业温室气体排放的准确反映提供了保障。根据量化结果，四川中烟在 2021—2023 年间实现了碳排放总量的持续下降，2023 年的碳排放总量与 2021 年相比下降了 3.62%，其变化趋势如图 4-6 所示。

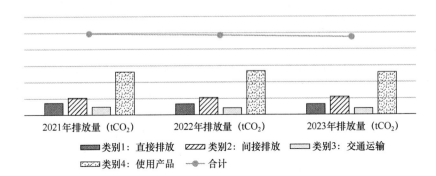

图 4-6　四川中烟 2021—2023 年碳排放趋势

（三）自主减排行动

1. 生产方式转型

四川中烟在烟草废弃物的绿色处置方面采取了一系列有效措施，以确保废弃物得到合理、环保的处理，减少对环境的影响。公司对生产过程中产生的废弃物实施了严格的分类回收处理制度。通过精确分类，不同类型的废弃物得到相应的处理，确保资源得到最大化回收利用。对于危险废弃物，公司严格遵守相关法规要求，确保其安全处置，防止对环境和公共健康造成潜在危害。图 4-7 为烟草专卖废弃物装车。

图 4-7　烟草专卖废弃物装车

公司坚持废水零排放的原则，通过建设、共享污水处理设施，不断提升污水处理能力和中水循环利用率，实现了中水的全面利用。什邡卷烟厂的污水处理站与长城雪茄厂实现了设施共享，处理后的回用中水被用于厂区绿化、浇洒地面、景观用水等多个方面，有效减少了对新鲜水资源的依赖，同时降低了废水排放。西昌卷烟厂将处理后的中水用于绿化灌溉，不仅节约了水资源，还有助于提升厂区环境质量，展现了企业对环境保护的承诺。遂宁宽窄印务将废水处理后用于设备清洗等，实现了废水的循环使用，减少了环境污染，提高了水资源的利用效率。成都卷烟厂建立了"预处理+生化处理+过滤"的污水处理系统，处理后的中水约 1/3 用于绿化带喷洒灌溉，约 1/3 用于制丝车间除异味系统补水、垃圾站清洗用水、锅炉房降温池降温用水等，剩下约 1/3 供给市政道路清扫和市政垃圾中转站作清洗使用。图 4-8 为成都卷烟厂污水处理站，图 4-9 为污水处理站处理后的中水供给市政道路清扫。

公司采取措施推进数字化转型，以驱动生产方式的变革和绿色制造的深化。启动智慧能环管理信息系统平台项目建设工作，覆盖公司及其下属的各个工厂，实现智能化和信息化的统筹管理。平台具备强大的数据分析和预测预警功能，通过对指标数据的分析，能够提供能源消耗和污染物排放的趋势预测，及时发现潜在的问题和风险。平台引入能源双控+碳排放双控模块，按期设定并分解各单位的能碳控制目标，通过数据趋势分析预测，为实现能源和碳排放的双重控制提供科学的数据支撑。

图 4-8　成都卷烟厂污水处理站

图 4-9　污水处理站处理后的中水供给市政道路清扫

2. 产品结构转型

公司在绿色设计方面采取一系列创新措施，以减少生产过程中的资源消耗和环境污染。公司成功在蓝时代、天下秀（金）、时代阳光三个牌号产品中应用无铝内衬纸，如图 4-10 所示，预计每年可减少铝箔使用 460t。通过调整水性油墨体系，在宽窄国宝、逍遥中支、格调细支、如意细支、醇香中支等产品上实现了水性油墨的应用，如图 4-11 所示，减少了油性污染物的使用和排放。公司对"娇子"（宽窄平安中支）和"娇子"（五粮浓香中支）盒皮进行了减量化设计，如图 4-12 所示，减少了印刷工厂的印刷工序，不仅减少了纸张和油墨的使用，降低了生产成本，还减少了废弃物的产生，有助于提高资源利用效率和减少环境污染。

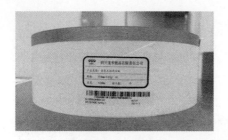

图 4-10　金色无铝内衬纸

图 4-11　水性油墨

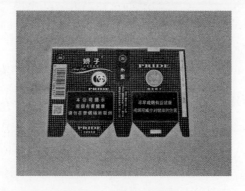

图 4-12　盒皮的减量化

3. 能源结构转型

在推动绿色能源的规模化应用方面，公司通过高效利用光伏等清洁能源，显著提升了可再生能源的使用比例。截至 2023 年，公司在所辖工厂增设了 800 余盏太阳能路灯,使可再生能源使用占比相较于 2020 年增长了 3.5

倍。特别值得一提的是，西昌卷烟厂的并网分布式屋顶光伏项目实施后，预计每年可减少碳排放超过 1600t。

4. 绿色物流转型

在生产物流运输的新能源车辆应用方面，引入三台氢燃料电池重卡，利用其补能时间短、续航里程长、环保性能强及环境适应力高等优势，在成都同城范围内开展业务，并延伸至什邡市区、德阳市主城区、绵阳市主城区等线路的物料转运服务。采用两台纯电动重卡，负责什邡卷烟厂库区之间，以及库区与生产区之间的物料转运工作。

在供应物流运输的低碳运输方式探索方面，公司积极探索采用铁路、水路等低碳运输方式进行片烟运输。这些运输方式具有成本低、运量大、环境污染程度小等优点，能够有效降低运输过程中的碳排放量，符合公司绿色低碳发展的战略目标。通过优化运输路线和方式，公司不仅降低了物流成本，还减少了对环境的影响。

5. 绿色供应链转型

在"娇子"（蓝时代）卷烟产品上，公司开展了直包膜技术的试验研究，即取消条盒，直接使用透明纸进行包装，如图 4-13 所示，不仅简化了包装流程，还显著降低了生产成本。通过改进烟箱设计，成功提升了循环烟箱的复用率，这一做法不仅节约了新材料的使用，降低了生产成本，还减少了废弃物的产生，有力推动了包装材料向可持续发展的转变。此外，公司不断扩大烟箱循环利用的覆盖范围，与供应商和分销商合作建立了高效的循环利用体系。

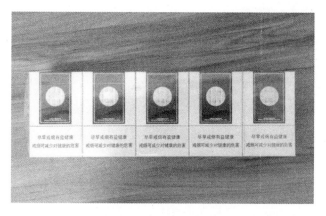

图 4-13 西昌卷烟厂"娇子"（蓝时代）直包膜

（四）碳抵消实现部分碳中和

在实施可能的自主减排措施后，对于剩余仍难以避免的碳排放，可以采取碳排放抵消措施，以补偿生产和运营过程中未能减少的碳排放，实现净零排放目标。四川中烟 2023 年选择三款高端产品——宽窄国宝细支、宽窄 1024 及长城（GL1 号）雪茄，在生产过程中采用低碳环保材料和工艺，并通过精心设计和严格的生产管理使其产品在质量上达到了高标准，在充分实施主动减排的前提下，生产全生命周期所产生的碳排放通过购买碳减排量进行抵消，在产品层面实现碳中和，获得产品碳中和认证证书，成为公司打造的高端零碳产品，如图 4-14 所示。这些零碳产品以其独特的设计和高品质受到了市场的欢迎。

图 4-14　高端零碳产品及碳中和证书

此外，公司还通过创新策划，举办了"零碳会议"，分享和交流绿色低碳的最新成果和经验。举办"零碳会议"的过程中，采取了一系列措施来减少会议本身的碳排放，如选择使用可再生能源供电的会议场地，确保会议过程中的能源消耗具有低碳特性；在会议中使用电子资料而非纸质印刷品，减少纸张使用，降低间接碳排放；为必要的现场活动选择低碳的交通和物流方案，如使用电动车或公共交通；通过碳补偿措施，如购买碳信用，来抵消会议产生的碳排放，如图 4-15 所示。

图 4-15　零碳会议碳中和证书

第五章

产品层面碳中和实现路径分析

第一节　产品层面碳中和特点

　　产品实现碳中和是指通过减少、抵消或吸收等方式将产品的碳排放量降至零或接近零的状态。产品层面的碳中和体现了企业对减少产品整个生命周期中温室气体排放的承诺。这种碳中和不仅有助于降低企业对气候变化的影响，企业还可以降低其对气候变化的负面影响，提升品牌形象，满足消费者的环保要求，并可能获得相关的税收减免或奖励。同时，产品碳中和也有助于推动技术创新和可再生能源发展，促进经济可持续增长。实现产品碳中和通常涉及对产品从原材料获取、生产、运输、使用到最终处置的每个环节的碳排放进行评估和管理，有助于改进生产工艺、使用低碳材料、优化物流、提高产品能效、增加产品回收利用率等。此外，企业可能还需要通过碳抵消项目，如植树造林或购买碳信用，来平衡那些难以通过技术改进消除的碳排放。通过这些综合性的努力，产品可以在其生命周期内实现碳排放的净零增加。

　　产品层面的碳中和是一个全面的过程，涵盖了产品从原材料获取、生产制造、运输分销、消费者使用到最终报废处理的整个生命周期。这个过程要求对产品在每个阶段产生的碳排放进行评估和管理，以确保整体碳足迹最小化。实现产品碳中和意味着通过各种减排措施，如提高能效、使用可再生能源、优化设计、减少材料使用、改进生产工艺、延长产品寿命、增强回收和循环利用等，来降低产品对气候变化的影响。

　　（1）产品层面的碳中和是企业对环保要求的积极响应。它不仅有助于减少产品对气候变化的贡献，而且提升了产品的环保属性。随着消费者对可持续产品需求的增长，企业通过实现产品碳中和可以吸引更多注重可持续发展的消费者,满足市场对环保和社会责任的期待。通过降低产品相关的碳排放,企业能够减少其对环境的负面影响,同时,通过这一过程,企业也能够促进自身的技术创新和提高资源使用效率,推动经济向更加可持续的方向发展。

(2)产品层面的碳中和是推动企业技术创新的重要动力。为了减少产品的碳足迹并实现碳中和目标,企业必须采用或开发更高效的生产技术。这涉及提高能效、采用可再生能源、改进材料使用、优化产品设计及改进制造工艺等方面。这些努力不仅有助于降低产品在生产和使用过程中的能源消耗和碳排放,而且激发了新技术的发展和创新,为企业带来潜在的竞争优势,并促进整个行业技术进步。通过这种方式,产品碳中和不仅对环境产生积极影响,也为企业的长期发展和市场适应性提供了支持。

(3)产品层面的碳中和是企业适应全球日益严格的碳排放政策和法规的有效途径。通过实现碳中和,企业不仅能确保其产品符合环保标准,降低因违反法规而面临的法律风险和潜在成本,还能展示其对环境责任的承担,增强公众和市场的信任。此外,许多政府为了鼓励企业采取绿色生产措施,提供了税收减免、补贴和其他财政激励政策。企业通过产品碳中和的实践,可以利用这些政策支持,降低转型成本,提高市场竞争力。这种政策驱动的环保行动不仅有助于企业自身的可持续发展,也对全球减排努力和应对气候变化具有积极影响。

(4)产品层面的碳中和不仅推动了可再生能源技术的发展和应用,而且鼓励了循环经济和资源的再利用,从而提高资源使用效率。实现产品碳中和通常依赖于可再生能源,如太阳能、风能等,以减少对化石燃料的依赖并降低温室气体排放。这种转变促进了可再生能源技术的创新和普及,加速了清洁能源的转型。同时,产品碳中和还强调提高资源效率,减少生产和消费过程中的浪费。这包括采用循环经济的原则,如减少原料使用、增加材料回收、再利用和再制造,以及设计更耐用和可回收的产品。通过这种方式,企业能够减少对新资源的需求,延长资源的使用周期,降低整体的环境影响。

(5)产品层面的碳中和对企业来说是一个强有力的品牌和市场策略。通过实现产品碳中和,企业不仅展现了其对可持续发展的承诺,而且彰显了其在环境保护方面的责任感和领导力。这种承诺和行动有助于构建积极的品牌形象,增强消费者对品牌的信任和忠诚度。随着消费者越来越关注企业的社会责任和环境影响,那些能够提供碳中和产品的企业更有可能获得市场的认可和支持。此外,实现产品碳中和的企业能够在其营销和沟通策略中突出其环保成就,吸引那些寻求可持续产品的消费者。这种透明度和责任感的展示可以成为企业与消费者之间建立长期关系的重要基础。最终，产品碳中和不仅有助于企业在竞争激烈的市场中凸显自身优势，还能够为企业带来长远的经济和环境效益。

第二节　产品层面碳中和实现路径

产品碳中和的整个历程一般可分为三个阶段。一是量化产品碳排放，首先结合产品全生命周期，对产品每个阶段的碳排放进行量化。根据ISO 14067:2018《温室气体　产品碳足迹　量化要求和指南》标准，采用全生命周期量化方式，对选中产品在原材料获取、生产加工、分销、使用及废弃处置阶段产生的温室气体（GHG）排放和清除量进行核算。二是规划减碳路径，每次产品减碳是对自己产业链的生产、运输等环节，实现低碳化的过程，因此产品减碳的路径中可以采用多个方式去规划，最终形成自身产品的低碳解决方案。例如，在生产过程中采用节能减排方式，如工厂光伏发电、使用再生塑料原料等，通过一系列措施尽可能地减少产品碳足迹。三是购买碳汇抵消，对于确实不可避免的碳排放，完成核证减排量注销工作，最终实现产品全生命周期碳中和。总体来说，产品碳中和需要考虑到的方面比较多，需要对产品全生命周期有较深的理解，对全生命周期中每个阶段践行低碳环保。

那么，到底应当如何实现产品碳中和呢？产品碳中和实施工作内容包括组织承诺并制订碳中和实施计划、产品生命周期碳排放核算、实施产品减排行动、产品碳排放抵消、产品碳中和评价等。

一、组织承诺并制订碳中和实施计划

企业的碳中和承诺和实施计划是实现可持续发展和应对气候变化的关键步骤。企业应根据产品功能单位、产品系统边界，预测未来规定时间边界内产品碳足迹总量和清除量，并制订产品碳中和实施计划。以下是企业制订碳中和实施计划的详细过程。

（1）碳中和承诺：企业首先需要作出明确的碳中和承诺，这通常涉及设定一个目标日期，即企业将在该日期前实现碳中和。

（2）产品功能单位的定义：确定产品功能单位，这是衡量产品服务或效益的标准单位，如每辆车的行驶千米数或每件服装的穿着次数。

（3）产品系统边界的确定：明确产品系统边界，包括产品从原材料获取、生产、分销、使用到废弃处理的整个生命周期。

（4）碳足迹预测：使用生命周期评估（LCA）方法，预测产品在未来规定时间边界内的碳足迹总量，包括直接排放（如生产过程中的能源消耗）和间接排放（如供应链中的排放）。

（5）碳清除量的预测：评估和预测在相同时间边界内，可以通过自然碳汇（如森林）或人工碳汇（如碳捕集、利用和封存技术）实现的碳清除量。

（6）碳中和目标的设定：基于碳足迹和碳清除量的预测，设定具体的碳中和目标，包括减少碳排放的总量和实现碳中和的具体时间表。

（7）碳足迹减量策略：制定减少产品碳足迹的策略，可能包括提高能效、使用清洁能源、改进生产工艺、使用低碳材料等。

（8）碳抵消策略：如果无法完全减少碳排放，制定碳抵消策略，包括确定需要抵消的碳量、选择抵消项目（如植树造林，碳捕集、利用和封存项目）及购买碳信用。

（9）实施计划的制订：详细规划实施步骤，包括技术路线图、时间节点、责任分配、资源配置和预算计划。

（10）监测、报告和验证：建立监测、报告和验证（MRV）系统，定期跟踪碳中和进展，并向利益相关方报告结果，可能涉及第三方验证以确保透明度和可信度。

（11）风险管理：识别和评估实施过程中可能遇到的风险，如技术变革、市场波动、政策变化等，并制定相应的风险管理措施。

（12）利益相关方支持：与员工、客户、供应商、投资者和社区等利益相关方沟通，获取他们的支持，共同推动碳中和目标的实现。

（13）持续改进和创新：鼓励持续改进和创新，以适应不断变化的环境和技术条件，提高碳中和实施计划的有效性。

（14）政策和市场适应性：考虑政策和市场机制对碳中和实施计划的影响，确保计划的适应性和灵活性。

通过这些步骤，企业可以制订出一个全面、系统的碳中和实施计划，不仅有助于企业实现自身的碳中和目标，也为全球应对气候变化作出贡献。

二、产品生命周期碳排放核算

碳足迹是用来衡量个体、组织、产品或国家在一定时间内直接或间接导致的二氧化碳排放量的指标。碳足迹可以按照其应用层面分成国家碳足迹、城市碳足迹、组织碳足迹、企业碳足迹、家庭碳足迹、产品碳足迹及个人碳足迹。其中，产品碳足迹是碳足迹中应用最广的概念，产品碳足迹属于碳排放核算的一种，一般指产品从原材料获取、运输、生产到出厂销售等流程所产生的碳排放量总和，是衡量生产企业和产品绿色低碳水平的重要指标。产品碳足迹以每功能单位的二氧化碳当量来记录产品碳足迹量化的结果，应明确产品功能单位，定义清楚且可测量，功能单位应与评价目标和内容相一致。功能单位为输出和输入提供有关参考。

近年来，一些国家逐步建立起重点产品碳足迹核算、评价和认证制度，越来越多的跨国公司也将产品碳足迹纳入可持续供应链管理要求。2023 年，国家发展和改革委员会等五部门联合印发《关于加快建立产品碳足迹管理体系的意见》；2024 年，生态环境部等多部门印发《关于建立碳足迹管理体系的实施方案》，对重点任务作出系统部署，构建起产品碳足迹管理体系总体框架，提出要从产品碳足迹着手，完善国内规则、促进国际衔接，建立统一规范的碳足迹管理体系。

（一）产品碳足迹的概念

产品碳足迹是指某个产品在其生命周期过程中所释放或吸收的温室气体总量，即从原材料获取、产品生产（或服务提供）、运输、使用到最终再生利用和处置等多个阶段的各种温室气体排放或吸收的累加。产品碳足迹已经成为一个行之有效的定量指标，用于衡量企业的绩效、管理水平和产品对气候变化的影响。

产品碳足迹核算采用生命周期评价方法（Life Cycle Assessment，LCA），作为一种系统方法，LCA 覆盖了从原材料获取、生产、运输、使用，到废弃和回收处理等所有阶段，通过评估产品在整个生命周期（从原材料获取到废物处理）造成的环境负担，实现全过程碳足迹管控。生命周期评价作为环境管理工具已历经多年发展，1990 年由国际环境毒理学与化学学会（SETAC）正式提出，已在欧美多个国家得到广泛应用。2003 年，欧盟委员会将 LCA 确定为评估产品潜在环境影响的最佳框架。2009 年，欧盟出台生态设计指令，要求企业关注产品生命周期各个阶段的资源使用。2023 年，欧盟的《新电池规定》正式生效，强制要求所有进入欧盟市场的电池企业采用 LCA 体系下的产品环境足迹（Product Environmental Footprint，PEF）方法进行产品碳足迹计算。

生命周期评价方法是系统化、定量化评价产品生命周期过程中资源环境效率的标准方法，它通过对产品上下游生产与消费过程的追溯，帮助生产者识别环境问题产生所处于的生产阶段，并进一步规避其在产品不同生命周期阶段和不同环境影响类型之间进行转移。依据方法的系统边界设定和模型原理的不同，目前比较常用的生命周期评价方法可以分为过程生命周期评价（Process-based LCA，PLCA）、投入产出生命周期评价（Input-output LCA，I-OLCA）、混合生命周期评价（Hybrid-LCA，HLCA）3 类。过程生命周期评价是目前主流的评价方法。对于微观层面（具体产品或服务方面）的碳足迹计算，一般采用过程生命周期法。投入产出生命周期评价克服了过程生命周期评价中边界设定和清单分析存在的弊端，引入了经济投入产出表。此方法一般适用于宏观层面（如国家、部门、企业等）的计算。混合生命周期评价是一种将过程生命周期评价和投入产出生命周期评价相结合的生命周期评价方法。这种方法的优势在于，其不但可以规避截断误差，而且可以比较有针对性地评价具体产品及其整个生命周期阶段（使用和废弃阶段）。但因对数据和计算要求较高、构建模型难度较大，其尚未大规模实践。

开展生命周期评价和碳足迹认证有助于最大限度地实现资源节约和温室气体减排，对于行业绿色发展和产业升级转型、应对出口潜在的贸易壁垒而言，都是很有价值和意义的。产品碳足迹认证依据标准为 ISO 14067:2018《温室气体 产品碳足迹 量化要求和指南》，此标准对产品碳足迹认证的认证范围、认证原则、生命周期温室气体排放量化方法及碳足迹核算报告内容等作出了具体的规定。

实施产品碳足迹认证的价值主要包括：

- 得到产品的生命周期碳足迹指标结果，用于同类型企业比较不同工艺下产品的碳排放情况，选择更为环境友好的工艺技术。
- 碳足迹结果可用于下游产品设计与供应链低碳管理，促进全产业链的低碳发展。
- 碳足迹结果可用于市场宣传，展示产品和/或生产工艺在碳排放方面的优势，为下游厂商或终端消费者的低碳选择提供依据。

（二）产品碳足迹认证流程

企业核算产品碳足迹时，需识别所有温室气体排放源和种类，采用排放因子或其他形式来计算全生命周期内的排放量。在产品生产过程中涉及其他产品生产的（如共生产品生产）情况下，优先使用物理分配法对碳足迹进行分配，无法进行物理分配时则采用经济分配法。对于涉及温室气体清除的情况，清除量的核算需符合公开标准或指南。最终，产品碳足迹的评价报告可由有资质的第三方机构出具，确保评价的客观性和权威性。这一系列核算和评价流程有助于企业准确掌握产品对气候变化的影响，并采取有效措施促进可持续发展。

1. 确定认证边界、功能单位

产品碳足迹认证是对制造商某一特定型号产品的碳足迹核算。因此，首先需确定认证边界，即产品的制造商和具体的产品名称、系列、规格、型号。不同型号的产品由于其原辅材料和生产过程能源消耗不同，须单独申请认证。

2. 识别产品排放过程

在进行产品碳足迹核算时，必须确保系统边界的设定全面且合理。在确定产品系统边界时，应基于产品生命周期原则，选择合适的边界类型。在确定具体产品的碳足迹认证时，需要根据认证的用途、产品属性、数据的可得性等因素来确定生命周期系统的边界。常见的系统边界包括"摇篮到大门"和"摇篮到坟墓"，通常"摇篮到坟墓"适用于终端产品，覆盖从原材料获取到产品使用后的回收或废弃的整个生命周期；而"摇篮到大门"适用于中间产品，主要关注从原材料获取到产品出厂的过程。选择适当的系统边界对于确保碳足迹核算的全面性和准确性至关重要。所有预计排放占产品碳足迹1%及以上的排放过程都应被纳入考虑，以确保核算的准确性。任何未被纳入的排放量都应控制在产品总碳足迹的 5%以内，并且对于这些舍去的排放，必须有书面记录和合理的解释。

排放过程的识别应全面覆盖产品生命周期的各个阶段，包括原材料获取、能源消耗、生产制造、设施运营、运输和存储、产品使用，以及产品生命末期的处理等。值得注意的是，生产设备的隐含排放通常不包括在内。同时，人力输入、员工通勤、人和畜力提供的运输、消费者往返售点的交通等也不应计入产品碳足迹。

在碳足迹认证过程中，产品的生命周期系统边界由认证委托方根据具体情况自行确定。一般而言，中间产品或非用能产品更适合选择"摇篮到大门"的边界，而终端产品或用能产品则更倾向于选择"摇篮到坟墓"的边界，以全面评估产品对气候变化的潜在影响。通过这样的方法，可以确保产品碳足迹的核算既全面又具有针对性，有助于企业采取有效措施减少碳排放，推动实现碳中和目标。

3. 收集生命周期评价数据

产品碳足迹核算是一个全面的过程，它基于生命周期评价方法来收集和整理关键数据。这些数据包括以下几个方面。

- 原辅材料消耗：产品生产所需的原材料和辅助材料的种类和数量。
- 供应商信息及运输距离：主要原辅材料的供应商信息及材料运输到工厂的距离。
- 生产过程能源消耗：生产过程中使用的能源类型和数量。
- 包装材料消耗：产品包装所用材料的种类和数量。
- 产品使用阶段能源和温室气体消耗：产品在使用过程中的能源消耗和温室气体排放。
- 产品回收和废弃过程的能源消耗：产品回收或废弃处理过程中的能源使用。
- 废弃处理的量：产品废弃后的处理方式和数量。

这些数据主要来源于产品的物料清单（BOM 表）、生产报表等。对于那些无法直接测量的数据，应依据行业标准或规范，采用合理的估算方法来确定。为了确保碳足迹核算结果的准确性和可信度，核查小组将对收集的数据进行严格的质量评估。评估的维度包括以下几个方面。

- 代表性：数据是否能够准确代表产品碳足迹的实际情况。
- 完整性：数据是否全面覆盖了产品生命周期的所有阶段。
- 可靠性：数据来源是否可靠，数据收集和处理方法是否科学。
- 一致性：数据是否在不同时间、不同条件下保持一致。

通过这种细致的数据收集和质量评估，确保产品碳足迹的核算结果既准确又可信，为企业提供有价值的信息，帮助它们优化生产过程，减少碳排放，并在市场中展示其产品的环保优势。

4. 核算产品碳足迹

核算产品碳足迹是一个精确且系统化的过程，它要求使用最高质量的数据来确保结果的准确性和可信度。在数据收集阶段，优先采用实测的排放因子数据，这样可以提供最直接和准确的排放量估算。如果实测数据不可用，应依次考虑本地、国家和国际的公开数据源，以确保数据的相关性和可靠性。

在完成数据的收集和整理之后，针对指定产品专门建立核算模型，这个模型将包括所有相关的核算单元，并将收集到的数据录入系统。接着，确定一个明确的计算方案，这通常涉及选择合适的排放因子和计算方法，以符合生命周期评价的原则和标准。这个结果将反映产品从原材料获取、生产、使用到最终处置的整个生命周期内的温室气体排放总量。

核算过程的准确性和透明度对于获得准确的碳足迹数据至关重要，因此，所有的计算和数据来源都应当被详细记录和存档，以备后续的验证。通过这种方式，企业可以确保其产品碳足迹的核算结果既科学又公正，有助于企业在市场上展示其对环境责任的承诺，并采取行动减少其产品对气候变化的影响。

5. 编制报告及颁发证书

编制报告是产品碳足迹核算过程的关键环节，确保了核算结果的正式性。一般由认证审核团队根据数据编制完整的产品生命周期评价报告，图 5-1 为产品碳足迹证书，证书内容通常包括：

- 产品碳足迹核算信息表，详细列出所有相关的排放数据。
- 核算目标与范围定义，明确核算的目的和边界。
- 数据收集过程及汇总，展示数据的来源和处理方法。
- 产品碳足迹结果与分析，解释碳足迹的计算结果和相关因素。
- 生命周期解释，阐述产品系统边界的选择和原因。
- 结论与建议，提供基于核算结果的建议和改进方向。

图 5-1　产品碳足迹证书

三、实施产品减排行动

实施产品减排行动是企业实现碳中和目标的关键环节。企业可结合自身实际情况，采取合理的温室气体减排策略，并确定这些行动的有效性。根据实施计划实施产品碳足迹减排措施，最大限度地满足预期的产品碳足迹减排目标。以下是企业如何有效实施产品减排行动的步骤。

- 制定减排策略：基于有关产品碳足迹数据结果，制定合理的温室气体减排策略，如改进生产工艺、使用能效更高的设备、优化供应链管理、采用清洁能源等。
- 确定行动有效性：在实施减排措施之前，预测和确定这些措施的有效性，包括预期的减排量和可能的成本效益。
- 制订实施计划：根据减排策略，制订详细的实施计划，包括具体的行动步骤、时间表、责任分配和所需资源。
- 实施减排措施：按照实施计划，采取具体的减排措施，如技术升级、流程优化、材料替代等。
- 监测与跟踪：在实施过程中，持续监测和跟踪减排措施的效果，确保与预期目标相符。定期进行绩效评估，包括减排效果的量化分析和成本效益评估。

通过这些步骤，企业可以确保其产品减排行动的有效性，并最大限度地满足预期的碳足迹减排目标。

四、产品碳排放抵消

温室气体排放量抵消是一种通过购买碳信用来补偿企业自身无法减少的碳排放的做法。企业可使用以下类型项目的碳信用实施产品碳中和：CCER、CDM、SDM、GS、VCS 等签发的项目碳信用。对于企业在中国境外产生的温室气体排放量，其用于抵消的国际减排机制签发的碳信用建议优先选用企业所在国家项目产生；企业所在地主管部门认可的地方碳减排机制下项目产生的碳信用。通过获取碳信用抵消的方式中和特定时间段生产的产品碳足迹，其核销时间不得早于产品中和年份。一旦碳信用被用于产品碳中和，应在相应的管理机构处进行注销，企业应保存相关注销证明文件至少 5 年。以下是企业通过获取碳信用抵消特定时间段生产的产品碳足迹的常见步骤。

（1）碳信用市场调研。研究碳信用市场，了解不同类型的碳信用及其来源、价格、质量、认证标准等。

　　碳信用市场调研是一项全面而深入的分析工作，它要求对市场的多个维度进行细致的研究。首先，了解不同类型的碳信用是基础，这些信用可能源自不同的减排项目，如可再生能源项目、能效提升、林业碳汇、甲烷减排等。每种类型的碳信用都有其特定的产生机制和应用场景。

　　来源是碳信用身份的关键，它涉及项目的具体地理位置、项目类型及减排活动的实施主体。例如，一些碳信用可能来自发展中国家的清洁能源项目，而另一些可能源自工业化国家的工业流程改进。价格是衡量碳信用市场活力的重要指标，它受市场供需关系、政策导向、经济状况等多种因素影响。碳信用的交易价格不仅反映了其作为商品的价值，也是衡量市场对减排行动认可程度的晴雨表。质量是碳信用市场的核心，它直接关系到碳减排项目的真实性、有效性和可持续性。高质量的碳信用应确保其减排量的额外性、避免重复计算、具有永久性，并且通过严格的第三方验证和核查。这些标准通常由认证机构根据一系列预定义的标准和方法来评估和确认。认证标准是确保碳信用质量的规则和程序，它们为碳信用的产生、发行和交易提供了规范。认证机构如 Verra、Gold Standard 等，通过制定详细的项目方法学和审核流程，确保碳信用的国际认可度和市场接受度。

　　综合来看，碳信用市场调研需要对市场规模、增长趋势、价格波动、供需动态、政策环境、技术发展、认证机制等进行系统性分析。对这些复杂因素的深入分析，可以为市场参与者提供决策支持，促进碳市场的健康发展，并推动全球气候行动。

　　（2）选择合适的碳信用项目。基于调研结果，选择与企业价值观和可持续发展目标相符的碳信用项目，如可再生能源项目、森林碳汇项目等。选择合适的碳信用项目是一个多维度的决策过程，它要求企业在深入了解市场情况、明确自身目标和价值观的基础上，进行细致的分析和评估。选择合适的碳信用项目是一个战略性决策过程，它要求企业在综合考量自身的价值观、可持续发展目标及市场调研结果的基础上，作出明智的投资选择。这一过程不仅涉及对碳信用市场深入的理解，还包括对企业自身需求和长期目标的准确把握。

　　首先，企业需要根据自己的价值观来筛选碳信用项目。通常选择那些与企业社会责任（CSR）战略相一致的项目，如保护生物多样性或促进改善环境等方面。例如，如果企业重视生态保护，可能会偏向于选择森林碳汇或自然保护区恢复项目。其次，企业应考虑其可持续发展目标，确保所选项目能够支持这些目标的实现，包括减少自身的碳足迹、提高能源效率或者在供应链中推广低碳实践。选择那些能够帮助企业实现这些目标的项目，可以增强企业在可持续发展方面的竞争力和市场地位。在市场调研的基础上，企业需要评估不同碳信用项目的潜在价值和风险，包括对项目的环境效益、社会影响、技术可行性、经济回报，以及与现有政策和市场机制的兼容性进行综合分析。例如，企业可能会考虑项目是否能够提供长期稳定的碳减排量，以及这些减排量是否能够得到第三方的验证和认证。此外，企业在选择碳信用项目时，还应考虑其对企业声誉和品牌形象的影响，选择那些具有高透明度和良好治理结构的项目，可以帮助企业避免与"洗绿"或不实宣传相关的风险。最后，企业在选择碳信用项目时，还应考虑其灵活性和可扩展性，选择那些能够随着企业规模和业务需求的变化而调整的项目，可以确保企业在不断变化的市场环境中保持竞争力。

（3）确保碳信用的额外性。确保所购买的碳信用来自能够提供额外碳减排或碳汇的项目，避免重复计算或使用。确保碳信用的额外性是碳信用市场调研和购买决策中的核心要素。额外性指的是碳减排或碳汇项目所产生的减排量是除项目本身外原本不会发生的，即这些减排量是额外产生的，而不是简单地将已有的减排成果归功于项目。额外性是评估碳信用质量的关键指标之一。它确保了碳信用所代表的环境效益是真实和新增的，而不是已有的减排措施的重复计算。这对于维护碳市场的诚信和效率至关重要，同时也保护了企业的声誉，避免"洗绿"的风险。

五、产品碳中和评价

组织开展产品碳中和评价是一项系统性工作，它要求对产品在特定时间段内的碳足迹进行量化评估，包括碳足迹总量、碳减排量及碳中和的实现情况。这一过程首先需要确定产品在生产、使用和废弃等各个阶段产生的温室气体排放量，然后通过实施各种减排措施来降低这些排放。当产品生命周期内的碳足迹总量不超过企业用于抵消的碳信用量时，可以认为产品实现了碳中和。这一判定基于严格的标准和程序，确保抵消所用的碳信用量是唯一的，并且这些碳信用不会被用于其他任何目的。

企业在实施碳中和评价时，应委托具有相应资质和专业能力的第三方机构来进行，以确保评价的公正性和准确性。第三方机构将依据国际认可的标准和方法，如 ISO 14064 等，对产品碳足迹进行核算和验证。评价内容需要与企业的碳中和实施计划保持一致，确保评价结果能够真实反映产品碳中和的实现情况。

此外，企业在进行碳中和评价时，还应考虑产品全生命周期的各个环节，包括原材料获取、生产加工、包装运输、使用过程及最终的废弃处理。通过综合分析这些环节的碳排放情况，企业可以更全面地了解产品的环境影响，并采取有效措施进行减排。

在碳中和评价过程中，企业还应关注碳减排的长期效果和可持续性。除了通过购买碳信用来实现短期的碳中和目标，企业还应积极探索和实施长期的减排策略，如提高能源效率、采用清洁能源、优化产品设计等。这些措施不仅有助于减少温室气体排放，还能提高企业的竞争力和市场地位。

总之，产品碳中和评价是一个涉及多个环节、多个方面的复杂过程。企业需要通过科学的方法和严格的程序，确保评价结果的准确性和可靠性。同时，企业还应不断优化碳中和实施计划，提高减排措施的有效性，以实现真正的环境可持续性。

第三节　产品碳中和示范案例

一、苹果公司碳中和产品

苹果公司称，其 2020 年就通过使用清洁电力等手段实现了公司运营碳中和（范围一和范围二排放），并设定了更远大的目标——到 2023 年实现产品碳中和，即产品在全生命周期将实现净零碳排放。苹果 CEO 库克在中国发展高层论坛 2024 年年会上表示，苹果公司计划在 2030 年达成苹果所有产品的碳中和。在原材料、生产和运输三个方面，苹果公司正推进上百项减碳相关的项目。库克强调，如果离开供应商的支持，苹果公司将无法实现碳中和目标，也不可能推出碳中和手表。苹果公司在全球范围内的 200 多家供应商承诺 100%使用可再生能源来生产苹果的产品，其中包括京东方、立讯精密等 55 家中国供应商。2023 年，苹果公司在秋季发布会上重磅推出了首款碳中和产品——Apple Watch Series 9，如图 5-2 所示。一款产品全生命周期的排放来自产品所使用的原辅料、产品生产过程中的能耗、产品的运输、使用等，苹果公司是如何做到实现全生命周期的净零排放的呢？

碳中和　　　圆满达成

图 5-2　苹果公司碳中和产品——
Apple Watch Series 9

（一）第一步：摸清产品排放现状

苹果公司基于未减排的情况：在未使用清洁电力、采用外购原辅料的上游排放强度、2017—2019 年产品运输方式等数据情况下，采用 LCA 方法评价 Apple Watch Series 9 在全生命周期排放的碳足迹为 36.7 千克二氧化碳当量，其中产品与原辅料生产过程使用的电力排放占比最大。

（二）第二步：全生命周期降碳

苹果公司通过产品全生命周期各环节降碳，将 Apple Watch Series 9 的碳足迹降低 78%。

1. 上游原辅料、生产环节，产品采用了 30%以上的回收再生原材料

- 表壳采用 100%再生铝金属制造。
- 多个印刷电路板镀层中的金及焊料中的锡、磁体中的稀土元素、触感引擎中的钨和主板中的铜箔等采用 100%回收材料。
- 电池 100%采用再生钴。
- 表带采用 82%的再生纱，而且其中部分原料来自废弃的渔网。
- 扬声器中使用了可再生塑料，产品回收塑料使用比例达 25%。

2. 零部件及产品生产环节

- 使用清洁电力：开展供应商清洁能源计划，推动该产品生产相关的供应商 100%采用清洁电力。此外，截至 2023 年 3 月，超过 250 家供应商加入供应商清洁能源项目，占苹果公司直接制造支出的 85%以上。
- 提升制造效率：该产品相关的组装工厂均未产生需填埋处理的废弃物。
- 减少塑料包装：产品包装采用 100%纤维材料，除油墨、涂料和粘合剂外不含塑料，且包含 47%的回收材料。

3. 产品运输环节

- 减少包装体积：产品包装盒经过重新设计，比上一代产品盒子更小、更有效率，体积缩小 23%，提升产品运输效率。
- 减少航空运输：优先采用碳密集型的运输方式，如铁路和海洋，在产品的生命周期内，50%以上的碳中和产品采用非航空运输方式。

4. 产品使用及废弃环节

- 减少用户充电排放：投资美国得克萨斯州布朗县的 IPRadian 太阳能项目等诸多可再生能源项目，力求 100%抵消用户为碳中和 Apple Watch 充电所需的预估用电量。
- 提升产品用电效率：使用软件和节能组件，可以智能地管理功耗。
- 提升产品寿命：采用耐用材料，防水等级为 50 米，防尘等级为 IP6X。
- 最大限度回收产品：苹果公司开启了 Apple Trade In 计划，客户将他们的旧设备和配件归还给苹果，符合条件的设备可以换取信用卡或苹果商店礼品卡，并创建了苹果公司回收商指南，为专业的电子产品回收商提供指导，指导他们如何安全地拆卸苹果产品，以最大限度地回收资源。

（三）第三步：碳抵消

苹果公司通过减排措施降低产品碳足迹后，购买符合国际标准［如 Verra、气候、社区和生物多样性（CCB）标准及森林管理委员会（FSC）］的项目所产生的信用额度，来抵消剩余排放量，实现产品碳中和。

从苹果公司实现产品碳中和的路径来看，在产品全生命周期采取减排措施，降低产品碳排放是打造一款碳中和产品的重要措施及必要路径，在尽可能降低产品碳排放的情况下采取碳抵消，才是真正有意义的碳中和。

二、泡泡玛特碳中和产品

2023 年 9 月，泡泡玛特发布首款"碳中和"潮玩产品 DIMOO X 蒙新河狸手办。作为潮玩行业的首个"碳中和"产品，该产品不仅代表了公司对环保和可持续发展的承诺，也展示了其在产品设计、供应链管理、物流优化等方面的创新能力。产品通过一系列减碳措施，实现了从原材料采购到生产、物流、销售的全生命周期碳中和，为行业的绿色转型提供了探索和实践。

首先，在产品设计阶段将环保理念融入其中，该产品首次使用了 20%的回收材料，减少对新料的需求，也降低上游生产过程中的碳排放。其次，采用回收材料、优化制作工艺，实现了节能节水的目标。在供应链管理方面，供应商使用可再生木质卡板替代塑料卡板，鼓励使用可降解铝塑袋、环保油漆、油墨等，从源头上减少了对环境的影响。在物流优化方面，采用可循环利用的转运箱和新能源车进行打包运输，减少了物流过程中的碳排放。在以上自主减排工作的基础上，进一步通过注销等量国际核证碳减排标准（VCS）的核证减排量，完成了产品的碳中和。

第六章

重点排放领域关键碳减排技术
在碳中和中的应用

第一节　能源领域

一、电力生产的排放特点及关键碳减排技术应用

（一）排放特点

电力行业是我国的支柱型产业，支撑着国民经济的发展，同时我国的电力生产方式主要以火力发电为主，大量的化石能源消耗造成电力行业发电所产生的二氧化碳排放在我国碳排放总量中占最大的比例。由此可见，要实现碳达峰和碳中和的目标，开展电力行业的碳减排是非常重要的。

根据统计，2019 年全国发电量超过 7.5 万亿千瓦时，其中火力发电量占比 69.6%、水力发电量占比 17.4%、核电发电量占比 4.6%、风力发电量占比 5.4%、太阳能发电量占比 3%。火力发电量占比相比 2010 年（79.2%）已有显著下降。

从电源结构看，2019 年火电装机容量占比 59.22%、水电装机容量占比 17.73%、并网风电装机容量占比 10.45%、并网太阳能发电装机容量占比 10.18%、核电装机容量占比 2.42%。火电装机容量占比相比 2010 年（73.45%）也有显著下降。在全部火电装机中，煤电发电占比约 87.35%、天然气发电占比约 7.58%、生物质发电占比约 1.89%。

可以看出，虽然我国非化石能源发电量和装机容量的占比均持续提升，发电装机结构也得到了持续优化。但火力发电占比依然很大，而火力发电是目前所有电力生产方式中，碳排放量最大的。单位发电量的二氧化碳排放，

火力发电比天然气发电多2～3倍，而水电、风电、太阳能发电、核电等基本不产生碳排放。

（二）典型排放源

火电生产企业的全部碳排放包括化石燃料燃烧的二氧化碳排放、燃煤发电企业脱硫过程的二氧化碳排放、企业净购入使用电力产生的二氧化碳排放。

化石燃料燃烧过程包括锅炉、机组等固定源和移动源消耗的燃煤、燃油、燃气的燃烧排放。对于常规燃煤机组，主要是将烟煤、褐煤、洗煤等常规燃煤用于锅炉进行燃烧产生热能的过程；对于燃煤矸石、水煤浆等非常规燃煤机组，主要是将煤矸石、煤泥、水煤浆等按照一定配比掺和的混煤用于锅炉进行燃烧产生热能的过程；对于燃气机组，主要是将天然气用于燃气锅炉产生热能的过程。

脱硫过程针对燃煤机组中锅炉脱硫过程使用的脱硫剂中碳酸盐（如石灰石粉、熟石灰、纯碱等）消耗产生的碳排放过程。

净购入使用电力过程是机组检修、停机状态中，用于办公、生活、环保设施等使用的外购入电力对应的碳排放过程。

表6-1列出了火电企业碳排放占比情况，相较于其他行业，电力行业的碳排放源单一，其中大部分碳排放来自化石燃料燃烧的二氧化碳排放，仅有少部分碳排放来自碳酸盐脱硫剂的使用和企业净购入使用电力产生的排放。

表 6-1　火电企业碳排放占比情况

过　程	排　放　源	碳排放占比
化石燃料燃烧排放	固定源：烟煤、褐煤、洗煤、矸石、煤泥、水煤浆、柴油、焦炉煤气、天然气等燃煤、燃油、燃气的固定源消耗； 移动源：柴油、汽油等移动源消耗	96%～100%
脱硫过程排放	石灰石粉、熟石灰、纯碱等碳酸盐	0～3%
净购入使用电力产生的排放	电力	0～1%

（三）关键碳减排技术应用

根据《中国电力行业年度发展报告2020》，2006—2019年我国电力行业二氧化碳排放总量得到有效缓解，其中供电煤耗降低对电力行业二氧化碳减排贡献率为37.0%，非化石能源发展贡献率为61.0%。

因此，为实现碳达峰和碳中和，在电力生产领域，应加大电力结构调整力度，持续构建清洁、低碳、安全、高效的现代能源体系，同时通过提高煤电效率、能源节约等技术手段实现碳减排。

1. 水力发电

我国水力发电行业经过长时间的发展，已占据全球领先地位，水电总装机容量和年发电量均稳居世界第一。水力发电相关技术也取得了举世瞩目的成就。

为促进水电的进一步可持续发展，可在多方面采用领先技术，增强复杂条件下的水电开发能力、提高水电站运行效率、确保水电安全环保运行等。在工程建设水平方面，包括高寒高海拔高地震烈度复杂地质条件下筑坝技术、高坝工程防震抗震技术、高寒高海拔地区特大型水电工程施工技术、超高坝建筑材料等技术。在水轮发电机组制造自主化方面，包括百万千瓦级大型水力发电机组，变速抽水蓄能机组，50 万千瓦级、1000 米以上超高水头大型冲击式水轮发电机组等。在生态保护与修复技术方面，包括分层取水、过鱼、栖息地建设、珍稀特有鱼类人工繁殖驯养、生态调度、高寒地区植被恢复与水土保持等关键技术；流域水电开发生态环境监测监控、水库消落带和下游河流生态重建与修复技术。在"互联网+"智能水电站方面，包括数字流域和数字水电、"互联网+"智能水电站和智能流域、信息化管理平台技术等。在水电站大坝运行安全监督管理系统建设方面，包括坝高 100 米以上、库容 1 亿立方米以上的大坝安全在线监控和远程技术等。

2. 太阳能发电

太阳能光伏发电技术在过去十年时间取得了突破性的进展，其制造成本和综合发电成本大幅度下降，在大多数国家已经成为最具成本优势的能源。目前，中国新建的太阳能光伏项目已经可以实现平价上网，未来成本仍有进一步下降的空间。未来太阳能发电技术的发展主要包括以下几个方面。

（1）光伏电池片的工艺技术升级和创新。

目前已基本成熟的 PERC 电池的工艺技术，以其低成本、高效能，逐步替代市场上的 BSF 电池片，成为市场主流工艺。PERC，即钝化发射极背面接触，其利用 SiN_x 或 Al_2O_3 在电池背面形成钝化层，作为背反射器，增加长波光的吸收，同时将 P-N 极间的电势差最大化，减少电子复合，以提升电池转化效率。

异质结电池（HIT）全称晶体硅异质结太阳电池，是一种具有行业前景的电池片技术，其特点是在发射极和背面高浓度掺杂层与基片之间添加一层本征非晶硅层，增加了开路电压，提高了转换效率。HIT 具有众多技术优点，其中工艺简单、双面发电、无衰减、可薄片化，使其具备较高的发展潜力，但目前大规模量产仍不具备成本优势。HIT 技术有望成为未来的主要技术路线。

（2）硅片向高效化、薄型化和大面积方向前进，以提高功率密度和转换效率，实现度电成本下降。

（3）开发更多的利用场景，如农光互补、渔光互补、水光互补、风光互补等，解决光伏电站用地难题，最大限度地综合利用自然条件，实现集约化发展。

（4）推动产业链零污染发展模式，从全生命周期的角度出发，在光伏产品生产制造和回收处理阶段，采用"清洁能源制造清洁能源"、无害化回收处理等技术措施，实现光伏全产业链的零碳零污染。

3. 风力发电

我国风能资源丰富，风能资源总储量约 32.26 亿千瓦，可开发和利用的陆地上风能储量有 2.53 亿千瓦，近海可开发和利用的风能储量有 7.5 亿千瓦，共计约 10 亿千瓦。

近年来，我国风力发电累计装机容量持续增长，全国总装机容量已达 2.1 亿千瓦，其中陆上风电总装机容量占主要比重，达到 2.04 亿千瓦，占 97%；海上风电装机总量 593 万千瓦，占 3%。风力发电也是未来可再生能源利用的重要手段之一，其技术发展方向主要包括以下四个方面。

（1）大型风电机组的开发。在风资源条件允许的前提下，风电机组的单机容量做大可以有效地节约基建投资，提高风机的容量系数，降低单位发电成本。目前，已有制造商推出单机容量 15 兆瓦的风力发电机，其风轮直径达到 236 米，发电量可高达每年 80 吉瓦时，容量系数有望超过 60%。

（2）加大海上风电的开发。目前，陆地上经济可开发的风资源已经越来越少，而我国近海可开发和利用的风能储量是陆地的 3 倍，同时海上风电风能资源的能量效益比陆地风电场高 20%～40%，还具有不占土地资源、风速高等特点，适合大规模开发。海上风电技术的研发方向主要包括超长超柔叶片技术、主轴承技术、液压变桨技术、支撑机构技术、柔性直流输变电一体化技术、海上风电场群控制技术、海上风电智能运维技术等。

（3）智慧风电技术运用。通过数字化技术实现风电场的实时运行数据采集与汇总；基于数据分析合理平衡风机载荷与发电量，最大限度地发挥机组性能；通过智能监控平台，了解机组健康状况，精确感知机组运行状态，提升故障预警准确率，提升机组可靠性；利用大数据和机器学习等技术，实施风电场运行后评估，指导机组设计的快速迭代与风电场的合理布局。

（4）研发高空风能发电技术。高空风能发电技术被认为是未来风电发展的一个主要方向，或许会成为全球最大的电力来源。与传统的地面或者海上风资源的质量相比，高空风能的优势是气流稳定、风速高、储量丰富，同时高空风电无须大型支撑结构、占地面积小。目前，高空风能发电还处于技术研发阶段，商业化进展较为缓慢，但其未来的发展前景仍然值得期待。

4. 核电

轻原子核的融合和重原子核的分裂都能放出能量，分别称为核聚变能和核裂变能，在聚变或者裂变时释放大量热量，能量按照核能—机械能—电能进行转换，这种电力即可称为核电。

核裂变发电技术已成功商业化数十年，全球核电发电量占比为 10%左右。核电是典型的无碳能源，其发电过程不产生二氧化碳排放。法国是全球核电占比最高的国家，核电发电量占比超过 70%，同时法国也是全球电力行业碳强度最低的国家之一。但是，核裂变的安全性和核废料的处置难题导致目前核电未能得到广泛的应用。目前，我国核电发电量占比不足 5%，在确保安全的前提下积极有序发展核电，是我国实现碳中和目标的重要手段之一。

可控核聚变技术被称为解决能源问题的终极方案。在地球上，核聚变的原料氘就存在于海水中，可谓是取之不尽；而核聚变反应过程不产生污染物或有害废料，也不排放温室气体；同时，核聚变反应堆的安全性还非常高。因此，由于具备资源丰富、安全、清洁、高效等多种优点，可控核聚变能基本满足人类对于未来理想终极能源的各种要求。但是，目前可控核聚变技术仍处于研究阶段，要实现技术突破，还需要各国科学家的长期努力。

5. 淘汰煤电、鼓励燃气发电机组

在煤、石油、天然气三大化石能源中，天然气含氢比例最高，热能利用效率高，相同质量条件下热值最高，碳排放量仅为煤炭的一半。根据《2021、2022 年度全国碳排放权交易配额总量设定与分配实施方案（发电行业）》，2022 年度燃气机组供电强度基准值为 0.3901tCO_2/MWh，供热强度基准值为 0.0557tCO_2/GJ，常规燃煤机组供电强度基准值为 0.8177～0.8729 tCO_2/MWh，供热强度基准值为 0.1105tCO_2/GJ。为鼓励燃气机组发展，在燃气机组配额清

缴工作中，当燃气机组经核查排放量不低于核定的免费配额量时，其配额清缴义务为已获得的全部免费配额量；当燃气机组经核查排放量低于核定的免费配额量时，其配额清缴义务为与燃气机组经核查排放量等量的配额量。也就是说，在目前的全国碳排放权交易体系下，燃气机组只会获利而无须付出。

现阶段电力行业淘汰煤电机组，特别是能效落后的煤电机组，以燃气发电机组替代，是实现电力行业碳排放尽快达峰的重要途径之一。

6. 超超临界燃煤发电技术

超超临界燃煤发电技术是一种先进、高效的发电技术，它比超临界机组的热效率高出约 4%，与常规燃煤发电机组相比优势更加明显。锅炉内的工质都是水，水的临界参数是：22.129MPa、374.15℃；在这个压力和温度时，水和蒸汽的密度是相同的，就叫水的临界点，炉内蒸汽温度不低于 593℃或蒸汽压力不低于 31MPa 被称为超超临界。超超临界机组有以下优点：

（1）热效率高，超超临界机组净效率可达 45%左右，可节约能源，降低能源消耗，减少碳排放。

（2）污染物排放量减少，由于采取脱硫、脱硝、低氮燃烧及安装高效除尘器等措施，污染物排放浓度大幅度降低，可达到超净排放标准。

（3）单机容量大，超超临界机组容量一般在百万千瓦级的水平。

7. 煤电机组二次再热技术

二次再热技术是公认的一种可以提高煤电机组效率的有效方法。与一次再热相比，二次再热是在一次再热基础上增加一个再热过程，提高发电循环的平均吸热温度，从而提高发电效率。随着发电效率的提高，单位发电量的二氧化碳排放量明显降低，在相同蒸汽压力温度下，二次再热比一次再热机组热效率提高 2%，对应的二氧化碳减排约 3.6%。因此，二次再热技术是一种可行的节能减排、清洁环保的火力发电技术。

二、电力传输的排放特点及关键碳减排技术应用

（一）排放特点

我国建有世界上规模最大的全国互联电网，以特高压电网为骨干网架，通过各级电网的协调发展，实现了西电东送、北电南供、水火互济、风光互补，具备世界领先的能源配置能力和电网安全供电水平，有效支撑了我国经

济社会的可持续发展，保障了人民群众的用电需求。

但是，我国的能源资源与负荷中心呈现十分不均衡的分布特征，能源的总体分布为西多东少、北多南少，电力需求中心却长期处于中东部地区，我国80%以上的能源分布在西部和北部，而75%的电力消费集中在东部和中部。因此，我国远距离跨区送电量持续增长，大容量、远距离输电是我国电网结构的主要特点。

由于国土面积大、资源与负荷分布不均衡、输电距离远，我国的电网损耗总量大。同时，由于目前进入电网的电力仍以煤电为主，因此电网损耗对应的电力生产环节产生的二氧化碳排放量也是巨大的。另外，远距离输电对相关电气设备的需求，也导致六氟化硫（SF_6）等温室气体的广泛使用。

（二）典型排放源

电力传输企业的温室气体排放主要包括使用六氟化硫设备的修理与退役过程产生的六氟化硫排放，以及输配电损失所对应的电力生产环节产生的二氧化碳排放。

六氟化硫因具备良好的绝缘性能和灭弧性能，被广泛应用于电力传输相关的电气设备，如断路器、高压开关、高压变压器、气封闭组合电容器、高压传输线、互感器等设备。虽然电器设备中六氟化硫气体的填充量不高，但由于其全球变暖潜能值是二氧化碳的23500倍[1]，因此其对温室效应的贡献很大，是需要重点进行管控的排放源。

电网企业的二氧化碳排放主要来自由于输配电线路上的电量损耗而产生的温室气体排放，该损耗由供电量和售电量计算得出。

（三）关键碳减排技术应用

根据电力传输的排放特点及典型排放源种类，减少温室气体排放的主要途径就是通过特高压输电、可再生能源电力并网技术和六氟化硫减排。

1. 特高压输电

根据焦耳定律，输电线上的功率损耗与电流的平方成正比，通过减少输电线中的电流强度，即可降低功率损耗。同时，远距离输电也必须通过减小

1　《IPCC 第五次评估报告》，100 年时间跨度的 GWP 值。

输电电流来降低导线的发热。但是，远距离输电功率必须足够大才有实际意义，在功率一定的情况下，要使输电电流减小，就必须通过升高电压来实现。因此，特高压输电具有输送容量大、距离远、效率高和损耗低等技术优势。

特高压是指电压等级在交流 1000kV 及以上和直流±800kV 及以上的输电技术。与传统输电技术相比，特高压输电技术的输送容量最高提升 3 倍，输送距离最高提升 2.5 倍，输电损耗可降低 45%，单位容量线路走廊宽度减小 30%，单位容量造价降低 28%，可以更安全、更高效、更环保地配置能源。据国家电网公司测算，输送同样功率的电量，采用 1000kV 线路比采用 500kV 的线路可节省 60%的土地资源。

我国的特高压技术处于世界领先水平。截至 2020 年，我国共有 25 条在运特高压线路、7 条在建特高压线路，未来还会启动一批特高压项目。特高压线路的建设与运行，将有效提高我国电网的传输效率，降低传输损耗，减少二氧化碳排放。

2. 可再生能源电力并网技术

目前，我国非化石能源发电量占比约为 30%，根据相关研究测算，要达成 2060 年碳中和的目标，非化石能源占一次能源消费比重需要达到 80%以上，以风能、太阳能为代表的可再生能源比重将提升到 50%以上。但是，由于可再生能源电力具有随机性、间歇性和波动性等特征，大规模并网后，对电网安全稳定运行和电力电量平衡均会产生较大影响，需要不断增强电力系统的平衡调节能力，促进新能源充分消纳。解决可再生能源电力的并网问题，减少"弃风""弃光"，是电力传输系统实现碳中和面临的巨大挑战。

通过智能电网和能源互联网技术的研发和实施，包括采用先进的传感技术、信息通信技术和自动化控制技术，形成具有高度信息化、自动化、互动化特征的新型现代化电网，可以在可再生能源发电控制、短期功率预测、高比例可再生能源电力系统调度、可再生能源电力系统电压、频率控制等多方面进行优化控制，从而提高电网的可再生能源接纳能力，实现电网安全、可靠、经济、高效运行。

通过采用先进的储能技术，及时进行能量的储存和释放，可以确保供电的持续性和可靠性。抽水蓄能电站利用电力负荷低谷时的电能抽水至上水库，在电力负荷高峰期再放水至下水库发电的水电站，可将电网负荷低时的多余电能，转变为电网高峰时期的高价值电能，还具有调峰、调频、调相、储能、系统备用和黑启动等功能与超大容量、系统友好、经济可靠、生态环保等优势。抽水蓄能是目前技术最为成熟的大规模储能方式，是以新能源为主体的新型电力系统的重要组成部分。我国抽水蓄能电站装机容量世界第一，但占比较低，未来抽水蓄能仍将继续加快发展，解决可再生能源电力消纳和并网调峰的问题。除抽水蓄能外，压缩空气储能、飞轮储能、超导储能等物理储能技术，储氢、储谈、合成燃料等化学反应储能技术，储能电池、超级电容等电化学储能技术，显热储能、相变储能、冰蓄冷等储热蓄冷技术也有望支撑可再生能源发电和利用的快速发展。

3. 六氟化硫减排

六氟化硫（SF_6）减排技术主要包括减少排放和设备替代两个方面。

首先，减少 SF_6 气体在设备生产、维护和废弃过程中的排放。在 SF_6 气体生产过程中，通过工艺优化和改进减少源头 SF_6 的排放；在 SF_6 电器设备生产过程中，通过对气体传输和充装过程进行工艺控制及泄露检查等措施，降低气体的损失。同时，提高制造工艺水平、严格出厂检验，减少气体的泄露和逸散；在 SF_6 电器使用过程中，通过精细化管理，强化设备状态监控和检修，延长设备使用寿命；对于报废的 SF_6 电器设备，采取有效的技术手段进行气体的回收、净化和循环利用，避免排放。

其次，寻找 SF_6 的替代气体是电力传输行业的热点研究方向之一，目前主要研究的替代气体包括常规气体（空气、N_2 和 CO_2）、SF_6 混合气体和强电负性气体及其混合气体等。部分替代方案已在中低压设备中得到应用，但现阶段完全替代 SF_6 的技术尚未成熟，还需进一步研究和探索。

三、煤炭生产的排放特点及关键碳减排技术应用

（一）排放特点

煤炭是我国的主体能源，在一次能源结构中占比超过 50%，我国也是全球最大的煤炭生产国、消费国和进口国。煤炭除燃烧过程会产生碳排放外，在开采过程中还会泄漏的大量的甲烷（CH_4），由于甲烷的全球变暖潜能值是二氧化碳的 28 倍[1]，因此也会造成显著的温室效应。

煤矿甲烷的泄漏量取决于矿井深度、煤质、煤层地质年龄等多重因素，矿井越深、煤层年代越久远，则甲烷的含量越大，开采过程泄露排放越多。我国因深层矿井数量大，甲烷排放量也相对较高。同时，由于煤炭产量巨大，

---

1 《IPCC 第五次评估报告》，100 年时间跨度的 GWP 值。

中国煤炭行业的甲烷排放总量居世界第一。

相较于石油天然气行业的甲烷逸散，煤矿的甲烷泄漏治理难度更大。在油气行业中，甲烷回收的经济效益较高，45%的甲烷泄漏可以实现净零成本减排。但在煤炭行业中，泄漏甲烷的浓度低、波动大，回收利用的技术难度更大、成本更高，这些因素都使得煤矿甲烷减排在技术上和经济上面临很大的挑战。

（二）典型排放源

煤炭生产过程的主要排放包括燃料燃烧排放、火炬燃烧排放、逃逸排放、井工开采的排放、露天开采的排放、矿后活动的排放及净购入电力和热力隐含的排放。

燃料燃烧排放是指化石燃料在各种类型的固定或移动燃烧设备中燃烧所产生的排放。

火炬燃烧排放是指出于安全、环保等目的将煤炭开采中涌出的煤矿瓦斯（煤层气）在排放前进行火炬处理而产生的温室气体排放。

逃逸排放是指煤炭在开采、加工和输送过程中 CH_4 和 CO_2 的有意或无意释放，主要包括井工开采、露天开采、矿后活动等环节的排放。

井工开采的排放是指煤炭井下采掘过程中，煤层中赋存的 CH_4 和 CO_2 不断涌入煤矿巷道和采掘空间，并通过通风、抽放系统排放到大气中产生的 CH_4 和 CO_2 排放。

露天开采的排放是指煤矿露天开采释放的和邻近暴露煤（地）层释放的 CH_4 排放。

矿后活动的排放是指在煤炭洗选、储存、运输及燃烧前的粉碎等过程中，煤中残存瓦斯缓慢释放产生的 CH_4 排放。

净购入电力和热力隐含的排放是指净购入电力或热力（蒸汽、热水）所对应的生产过程中燃料燃烧产生的 CO_2 排放。

（三）关键碳减排技术应用

根据煤炭生产的特点，其关键减排技术就是减少甲烷的排放。

1. 煤层气（煤矿瓦斯）开采

"十三五"期间，我国煤层气（煤矿瓦斯）治理和开采技术得到了长足的发展，煤矿瓦斯治理由局部走向区域、由井下走向井上下结合，逐步形成保护层开采煤与瓦斯共采、三区联动井上下立体瓦斯抽采等典型地质条件先进瓦斯治理模式，高效钻进、水力增透、瓦斯梯级利用等技术创新应用，在行业广泛辐射推广。中低煤阶煤层气资源评价、深部煤层气开采和"三气共采"等领域实现新突破，直井跨层压裂、水平井分段压裂、智能排采等技术创新取得重大进展，大幅提高了单井产量。

2. 煤层气（煤矿瓦斯）利用

煤层气（煤矿瓦斯）回收利用是减少煤炭开采过程甲烷排放的重要手段。根据国家相关标准，高浓度瓦斯（甲烷体系分数≥30%）禁止排放，应建立瓦斯储气罐，配套建设瓦斯利用设施，无法利用的也应采取火炬焚烧的方式处理，禁止直接排放。

目前，高浓度煤层气（煤矿瓦斯）回收利用已得到较为广泛的应用，作为工业燃料、化工原料进行利用，或用于发电、民用等领域，成为清洁高效的新能源。但低浓度的瓦斯提纯或利用技术尚不成熟，受制于较高的技术成本，仍未得到广泛的商业化普及，这也是未来的技术突破方向。

四、油气开采排放特点及关键碳减排技术应用

（一）排放特点

油气行业既是能源生产者，也是能源消耗者，从开采、运输、储存到终端应用环节，都会产生碳排放。2018 年，石油和天然气开采业能源消费总量达 3818 万吨标煤[1]，在全国工业领域能源消费总量中占比为 1.23%，能源消耗约排放 9430 万吨 CO_2。

油气开采的碳排放主要包括 CO_2 与 CH_4 两类，CO_2 排放主要来自生产过程中的供热与供能需求，CH_4 主要来自油气开采、运输过程中的气体逃逸，虽然它的排放量比 CO_2 少得多，但 CH_4 的全球变暖潜能值是二氧化碳的 25 倍[2]。油气开采企业排放源类别和气体种类包括[3]以下几种。

1. 燃料燃烧 CO_2 排放

燃料燃烧 CO_2 排放主要指石油天然气开采业务环节化石燃料用于动力或热力供应的燃烧过程产生的 CO_2 排放，如海上平台自建电站、热站，使用

1　《中国统计年鉴 2020》。

2　100 年时间跨度的 GWP 值比较。

3　《中国石油和天然气生产企业温室气体排放核算方法与报告指南（试行）》。

伴生气、原油等燃料，以满足自身用电和用热需求消耗的燃料产生的排放。

2. 火炬燃烧排放

石油天然气开采企业在各生产活动中会产生可燃废气，包括正常生产、检修、试井和事故等工况产生的可燃废气，若无法回收利用或收集外输，基于环境保护和安全考虑，通常会集中到一至数只火炬系统中进行排放前的燃烧处理。火炬燃烧除 CO_2 排放外，还可能产生少量的 CH_4 排放。

3. 工艺放空排放

工艺放空排放主要指石油天然气开采各业务环节通过工艺装置泄放口或安全阀门有意释放到大气中的 CH_4 或 CO_2 气体，如驱动气动装置运转的天然气排放、泄压排放、设备吹扫排放、工艺过程尾气排放、储罐溶解气排放等。

4. CH_4 逃逸排放

CH_4 逃逸排放主要是指油气开采各业务环节由于设备泄漏产生的无组织 CH_4 排放，如阀门、法兰、泵轮密封、压缩机密封、减压阀、取样接口、工艺排水、开口管路、套管、储罐泄漏及未被定义为工艺放空的其他压力设备泄漏。

5. CH_4 回收利用量

CH_4 回收利用量主要指企业通过节能减排技术回收工艺放空废气流中携带的 CH_4，从而免于排放到大气中的那部分 CH_4。CH_4 回收利用量可从企业总排放量中予以扣除。

6. CO_2 回收利用量

CO_2 回收利用量主要指企业回收燃料燃烧或工艺放空过程产生的 CO_2 作为生产原料或外供产品，从而免于排放到大气中的那部分 CO_2。CO_2 回收利用量可从企业总排放量中予以扣除。

7. 净购入电力和热力隐含的 CO_2 排放

该部分排放实际上发生在生产这些电力或热力的企业，但由温室气体排放报告主体的消费活动引起，目前依照约定在计算碳排放时也计入报告主体名下。

（二）关键碳减排技术应用

根据油气开采碳排放特点，油气开采碳减排可以从优化能源结构、采用先进油气开采技术、改进排放工艺、余热回收利用和二氧化碳综合利用技术等方面进行实现，重点在于减少化石燃料的燃烧排放及天然气的排空和逃逸。

1. 优化能源结构

油气开采过程中能源大部分消耗在生产生活的发电供热过程中，采用较清洁的天然气代替原油和柴油，是减少温室气体排放的有效手段。还可开发利用可再生能源，如风能、水能、生物质能、海洋能、潮汐能、地热能等海洋新型能源及其他新型绿色低碳能源，实施可再生能源替代化石能源。

电力是油气开采过程中的主要能源之一，油气企业大量建立独立的电站并自给自足，使用网电的比例不高，而网电相比于自发电通常具有更低的温室气体排放因子。油气田企业多处于风电和光伏发电、水电等优质资源地区，推广网电钻井和压裂，是油气田企业节能减排、降本增效、清洁发展的主要方向。

2. 采用先进油气开采技术

提高石油采收率（Enhanced Oil Recovery，EOR）技术或称"强化采油技术"的使用，可以提取30%～60%或更多的油藏里原本的石油。常见的提高采收率技术有热力采油法、化学驱油法、气体溶剂驱油、微生物采油法等。通过强化采油，可以多采5%～20%的油。

太阳能 EOR 技术，是一种热力采油法，将阳光会聚在热管上生产采油所需的蒸汽。在太阳能 EOR 市场，GlassPoint 公司是当之无愧的行业老大，GlassPoint 公司独特的封闭抛物线槽式集热器设计极大地降低了投资和运行成本，比利用天然气生产蒸汽的成本更低，它们的系统可以使油田节省80%的天然气消费。就全球许多稠油油田的采收来说，燃料成本占油田运营成本的比重可达60%～80%，利用太阳能生产蒸汽比燃烧化石燃料成本更低，相对传统的 EOR 技术，减少产生氮氧化合物、二氧化碳、颗粒等污染物[1]。

二氧化碳驱油是一种气体溶剂驱油，是油藏开采中后期提高采收率的一项成熟技术。液态 CO_2 是一种独特的采油剂，CO_2 在原油中有较高的溶解性能，且在地层中处于超临界状态，因此容易与原油形成混相状态，使毛管数增大，降低界面张力，同时气体的混入也降低了原油的黏度，从而大大提高

---

1 CSPPLAZA 光热发电网报道，2018-04-11。

原油采收率[1]。将 CO_2 作为主要气体注入油层中驱油并封存在油藏，不但能够有效消减温室气体效应，还能够有效地提高原油的开采率。

3. 改进排放工艺

伴生气通常指与石油共生的天然气，从采油工作角度考虑，指开采油田或油藏时采出的天然气。伴生气是火炬气的重要来源，由于收集储存和外输系统缺乏、海上平台空间及安全性限制等多种因素，伴生气一般通过火炬燃烧排放。可通过采用回收外输、回收发电制热、回收回注、生产 CNG 或 LNG 等回收措施，加强伴生气资源的回收和利用。

烃类气体无法回收时也尽量不采用冷放空，而采用通过火炬系统排放。冷放空气体中主要含有未燃烧的 CH_4，它的全球变暖潜能值是 CO_2 的 25 倍。采用火炬系统将油气生产系统中多余的 CH_4 燃烧后产生 CO_2，而不是直接将 CH_4 释放到大气中，可以减少温室气体效应。

控制油气系统 CH_4 排放。采用绿色完井、低排放气井排液技术，实施管线定向检修和维护前抽空技术、储运设施检修和轻烃蒸汽抽空技术，采用高效压缩机及低排放或无排放气动设备，推广设备组件无组织排放监测、先进密封件技术，减少气井投产、管线和储运作业、设备运行无组织排放；推广套管气/伴生气回收技术、原油储罐轻烃蒸汽回收技术，开展涵盖油气生产、处理和储运业务的全系统 CH_4 泄漏监测和 CH_4 回收利用，提高油气系统 CH_4 回收利用率。

4. 余热回收利用

丰富的余热资源通常出现在海上气田，主要来源有两个，一是来自驱动发电机组的燃气透平高温烟气废热；二是来自驱动天然气压缩机组的燃气透平高温烟气废热。根据计算，燃气透平能效为 30% 左右，大约 30%的热量由机组散热而损失；大约 30%的能量随高温烟气排放，未被利用。特别是气田开采中后期，面临地层压力下降，为保证海上天然气处理设施和天然气海管的正常输送，要配备大功率燃气透平驱动的天然气压缩机，余热资源可观[2]。

5. 二氧化碳综合利用技术

石油开采行业在二氧化碳综合利用方面可以大有作为，二氧化碳驱油、

---

1 杨彬，陈良勇，王岚，等. 提高采收率技术与进展[J]. 广州化工，2015，43（24）：39-41.

2 于航，等. 全球低碳视角下海上油气田发展方向探讨[J]. 现代化工，2020，40（5）：1-3.

二氧化碳压裂、二氧化碳捕集和封存、二氧化碳回注等都属于二氧化碳综合利用技术。

二氧化碳驱油是将捕集 CO_2 用于驱油。二氧化碳捕集和封存（以下简称 CCS）项目和 CO_2 EOR 项目相结合，既可以提高采收率，又实现了碳封存，达到减少碳排放和增加油气开采的双重目的。

二氧化碳置换法是指利用 CO_2 更容易生成水合物的特性，将 CO_2 注入天然气水合物藏中，将天然气水合物分解并形成 CO_2 水合物。此种方法不但可以开采出天然气，还可以封存温室气体 CO_2，并且大大减小了水合物分解引起的地质灾害的可能性。

二氧化碳压裂驱采非常规油气资源，该技术在节约用水、降低破裂压力、避免储层伤害、增加油气采收率的同时，进行部分二氧化碳的地质封存，实现非常规油气资源的绿色、低碳开发。

第二节　工业领域

一、钢铁行业排放特点及关键碳减排技术应用

（一）排放特点

我国是世界上最大的钢铁生产大国，粗钢产量连续二十余年居全球第一位。同时，钢铁工业也是我国能源消耗大户，约占全国工业总能耗的 15%。

2019 年，全球钢铁工业碳排放量约为 26 亿吨/年，约占全球能源系统排放量的 7%。而中国钢铁工业碳排放量 18 亿吨，占全球钢铁工业碳排放总量的 60% 以上，约占全国碳排放总量的 15%，位居 31 个制造业行业首位。近二十年来，钢铁行业不管是在技术、工艺、装备方面，还是在节能环保、智能化方面，都取得了进步。2019 年，钢铁行业吨钢能耗为 553 千克标准煤/吨，与十年前的 750 千克标准煤/吨相比，节能水平有很大提升。

（二）典型排放源

1. 生产工序

大型钢铁联合生产企业一般包括以下生产工序。

（1）炼焦：一定配比的煤在焦炉中经过高温干馏转化为焦炭、焦炉煤气和化学产品。

（2）烧结：将铁矿粉、煤粉、焦粉和石灰按一定配比混匀烧结成有足够

强度和粒度的烧结矿。

（3）球团：将精矿粉和熔剂（有时还有黏结剂和燃料）的混合物，在造球机中滚成生球，再干燥、焙烧、固结成型，使其成为具有良好冶金性质的含铁原料。

（4）炼铁：用还原剂将铁氧化物还原成金属铁。

（5）炼钢：把原料（铁水和废钢等）里过多的碳及硫、磷等杂质去掉并加入适量合金成分（包括转炉炼钢和电炉炼钢等）。

（6）钢压延与加工（轧钢）：依靠压力加工使钢锭产生塑性变形，形成特定形状和尺寸钢材。

钢铁生产工艺流程如图 6-1 所示。

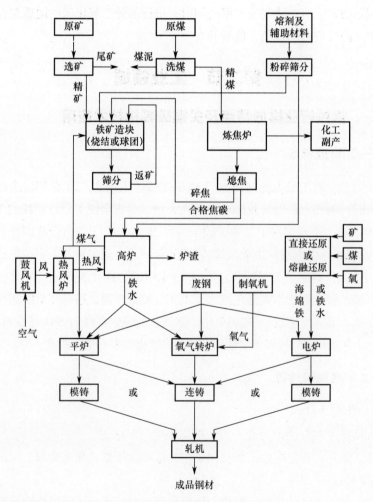

图 6-1　钢铁生产工艺流程

2. 主要排放设备设施

钢铁生产各工序的主要排放设备设施如表6-2所示。

表 6-2　钢铁生产各工序的主要排放设备设施

生产工序	生产设备（二氧化碳排放设备）
炼焦	粉碎机、配料、筛分、焦炉本体、煤炭预热、熄焦、煤气处理、回收车间(冷凝鼓风、氨回收、粗苯回收等)等设备设施
球团	从配料、原料供给、造球、焙烧、筛分等到成品球团矿皮带机离开球团工序为止的各生产环节的设备设施
烧结	从溶剂、燃料破碎开始，经配料、原料运输、工艺过程混料、烧结机、烧结矿破碎、筛分等到成品烧结矿皮带机离开烧结工序为止的各生产环节的设备设施
炼铁	原燃料供给、热风炉、煤粉干燥及喷吹、高炉本体、铸铁、煤气处理、渣铁和炉渣处理等系统的设备设施
炼钢	铁水预处理、转炉本体、连铸（或浇铸）、渣处理、钢包烘烤、炉外精炼、煤气处理等系统的设备设施
钢压延与加工	均热炉、加热炉、塑性成形设备（含轧制、锻造、挤压、拉拔和冲压设备等）、精整设备、焊接加工、镀涂层加工等设备设施
自备电厂	破碎、磨煤、预热、锅炉、汽轮机、发电机等设备设施
石灰烧制	磨煤、破碎、洗石、筛分、预热、石灰窑炉、造球（压球）等设备设施
辅助生产系统	生产管理及调度指挥系统、机修、化验、计量、各类风机、水循环系统、环保（水处理及除尘等）、氧气站、余能发电厂、供热锅炉等设备设施

3. 钢铁行业的典型排放源

（1）燃料燃烧排放：消耗的化石燃料产生的 CO_2 排放，如焦炉、烧结机、高炉、工业锅炉等燃烧设备，以及用于生产的运输车辆和厂内搬运设备消耗的汽柴油燃料。

（2）生产过程排放：在烧结、炼铁、炼钢等工序中由于其他外购含碳原料（如电极、生铁、铁合金、直接还原铁等）和熔剂的分解和氧化产生的 CO_2 排放。

（3）净购入使用的电力、热力产生的排放：净购入电力和净购入热力（如蒸汽）隐含产生的 CO_2 排放。

（4）固碳产品隐含的排放：钢铁生产过程中有少部分碳固化在企业生产的生铁、粗钢等外销产品中，还有一小部分碳固化在以副产煤气为原料生产的甲醇等固碳产品中。这部分固化在产品中的碳所对应的 CO_2 排放应予扣除。

4. 主要工序排放占比

大型钢铁联合生产企业各工序碳排放占比如表6-3所示。

表 6-3　大型钢铁联合生产企业各工序碳排放占比

工　序	能源消耗（+）	能源回收（−）	碳排放占比
炼焦	洗精煤、高炉煤气、电力	焦炭、焦炉煤气、焦油、粗苯	约 5%
烧结	洗精煤、焦炭、焦炉煤气、高炉煤气、电力	—	约 10%
球团	高炉煤气、焦炉煤气		约 1%
炼铁	无烟煤、烟煤、焦炭、焦炉煤气、转炉煤气、电力	高炉煤气	约 25%
炼钢（转炉）	焦炉煤气、高炉煤气	转炉煤气	约−7%
钢压延加工	焦炉煤气、高炉煤气、转炉煤气、电力	—	约 8%
其他辅助工序	焦炉煤气、高炉煤气、转炉煤气、电力	—	约 58%

注：未考虑企业边界内自发自用的电力和热力。

炼焦工序主要消耗洗精煤，输出焦炭和焦炉煤气供其他工序使用。较多钢铁企业没有炼焦工序，焦炭外购自独立的焦化厂，有炼焦工序的钢铁企业在扣除工序输出的焦炭、焦炉煤气及其他副产品后，碳排放占比约为 5%。

烧结工序在钢铁生产企业中能耗和排放占比较大，约为 10%。球团工序能耗占比较少，约为 1%。部分钢铁企业把烧结工序和球团工序合并，不单独统计球团工序的能耗和碳排放。

高炉炼铁工序是钢铁生产企业主要的能源消耗和碳排放源，炼铁过程使用无烟煤、焦炭等作为燃料和还原剂，另外会输出高炉煤气，部分自用，部分外输其他工序使用，碳排放占比约为 25%。

转炉炼钢工序在考虑转炉煤气输出后工序排放为负，即此工序为净能源输出的工序。

钢压延加工工序即最后的钢材加工过程，主要消耗其他工序转入的富余煤气，碳排放占比约为 8%。

其他辅助工序主要为钢铁企业的自备电厂，消耗其他工序转入的焦炉煤气、高炉煤气和转炉煤气，产生电力和蒸汽供其他生产工序使用。

（三）关键碳减排技术应用

钢铁行业的碳减排技术主要包括能源节约技术和工艺革新技术。能源节约技术是在目前的基础上，通过不断开发应用先进的节能技术，减少生产过程的能源消耗，从而减少二氧化碳排放；工艺革新技术是通过钢铁生产技术的深刻变革，彻底使生产过程摆脱二氧化碳排放，以达成碳中和的目标。

1. 钢铁行业典型节能技术

钢铁生产流程长、工艺复杂，目前应用较为广泛的各工序典型节能技术如表 6-4 所示。

表 6-4　钢铁行业各工序典型节能技术

工　序	节能技术名称
焦化	高温高压干熄焦技术
	煤调湿技术
烧结	原料层烧结技术
	低温烧结
	降低烧结漏风率技术
	小球烧结工艺
炼铁	旋切式高风温顶燃热风炉节能技术
	高炉热风炉双预热技术
	高炉鼓风除湿节能技术
转炉炼钢	炼钢连铸优化调度
	高效连铸技术
电炉电钢	电炉优化供电技术
	废钢加工预处理技术
轧钢	中厚板在线热处理技术
	低温轧制技术
	轧钢加热炉蓄热式燃烧技术

2. 高炉冲渣水余热回收利用

钢铁生产过程中高温余热比较容易回收，目前在节能降耗的技术改造中已大部分得到回收。但低温余热的回收利用较少，如高炉冲渣水的余热，大多被浪费掉。低温余热约占总余热的 35%，因此，钢铁产业的低温余热存在着巨大的回收潜力。

在高炉炼铁工艺中，产生的炉渣温度大约为 1000℃。目前，大多数炼铁企业的处理方法是将此炉渣在冲渣箱内由冲渣泵提供的高速水流急冷冲成水渣并粒化，以供生产水泥之用。一般每吨铁排出约 0.3t 渣，每吨渣可产生 80～95℃的冲渣水 5～10t。为了保证冲渣水的循环利用效果，需要将这部分冲渣水在沉淀过滤后引入空冷塔，降温到 50℃以下再次循环冲渣。这样就使得很大一部分热量在空冷塔中流失，浪费了能源。合理利用这部分余热，用于供暖、热水等，既可节约能源、减少运行成本，又可保护环境、减少热污染。

3. 烧结工序余热回收

烧结工序的能耗约占钢铁生产总能耗的 12%～15%，仅次于炼铁工序。而其排放的余热约占总热能的 49%。回收和利用这些余热，显然极为重要。我国烧结矿显热回收受到技术瓶颈制约，回收率不高，余热利用潜在效益巨大。

环冷机余热回收利用技术可将烧结环冷机一、二段风箱排出的热风作为余热锅炉的热源进行回收，然后推动汽轮发电机组发电。同时还可以抽出低温蒸汽余热烧结料，提高料温以降低烧结能耗。通过综合利用，最大限度地利用烧结余热。

4. 钢铁、化工产品、电力多联产系统节能减排

钢铁生产过程中产生大量的二次能源，如副产焦炉煤气、高炉煤气和转炉煤气，含有大量的 CO、CH_4 和 H_2 等，是化工生产的良好原材料。目前通常做法是将煤气送入自备电厂发电供热，如将副产煤气用于化工产品和电力蒸汽多联产，可提高能源利用率，是钢铁企业节能减排的有效途径。

钢铁厂将副产煤气全部用于发电，造成资源的贬值和浪费。焦炉煤气中氢气和碳氢化合物含量较高，可用于制取氢气、甲醇、乙二醇、天然气和合成氨等化工产品，转炉煤气一氧化碳含量高且杂质少，可通过吸附技术将一氧化碳分离出来，用于生产甲醇、甲酸钠等重要的化工原料。

研究表明，和副产煤全部用于电力生产的钢铁-电力模式相比，钢铁-电力-甲醇联产、钢铁-电力-氢气联产，以及钢铁-电力-甲醇-氢气综合联产等三种多联产模式能量利用率能提高 10%以上，并且经济效益比钢铁-电力模式有明显提升。

5. 降低铁钢比、提高废钢比

2019 年，我国粗钢产量为 9.96 亿吨，占世界钢产量（18.69 亿吨）的 53.3%；生铁产量为 8.09 亿吨，占世界生铁产量（12.60 亿吨）的 64.2%。据此计算，我国钢铁工业的铁钢比为 0.812，比世界平均值（包括中国）0.685 高 15.7%。铁矿石和废钢是主要的含铁原料，铁钢比高意味着废钢比低。

废钢作为载能体，不需要像铁矿石一样，经高炉还原成铁水。因此，采用废钢短流程工艺的吨钢综合能耗约占以铁矿石为主原料的高炉—转炉长流程工艺的 20%。2019 年，国内重点钢铁企业的吨钢能耗如下：长流程为 552.06 千克标准煤，短流程为 106.77 千克标准煤。由于在长流程生产中，能源消耗量 90%发生在铁前系统，如果在长流程中采用相应的技术措施提高废

钢比，降低铁钢比，可以大幅降低我国钢铁工业的总能耗和二氧化碳排放量。

随着我国经济的发展和钢铁工业的崛起，国内废钢铁的积聚量不断增加。2015 年，中国废钢铁的年产量为 1.5 亿吨；2019 年，废钢资源量为 2.4 亿吨。据中国工程院预测，到 2025 年，我国钢铁积蓄量将达到 120 亿吨，废钢资源量将超过 2.8 亿吨；到 2030 年，废钢资源量将超过 3.3 亿吨。未来有充足的资源来提高废钢比，降低铁钢比，大幅度降低钢铁工业的总能耗和二氧化碳排放量。

综上所述，根据我国钢铁工业的流程特点和今后的发展趋势，转炉高废钢比、高效化冶炼新工艺将是未来降低钢铁行业碳排放的主要发展方向。

6. 氢能炼钢

以氢冶金为代表的低碳或无碳炼铁新流程是钢铁行业碳排放源头治理的重大课题。

用可再生电力生产的绿氢替代传统炼铁使用的焦炭。在传统炼铁工艺中，焦炭中的碳与铁矿石中的氧反应生成二氧化碳作为还原剂，如果使用氢气替代焦炭，氢气将与铁矿石中的氧反应生成水，实现炼铁过程的零排放。

目前，国内外均有开展以氢替代焦炭的"绿色钢铁"项目。瑞典钢铁（SSAB），瑞典大瀑布电力（Vattenfall）和瑞典国有铁矿石生产商（LKAB），通过 HYBRIT 项目的无化石海绵铁生产工厂的正式启动，朝着无化石炼钢迈出了决定性的一步。HYBRIT 项目旨在用不含化石的电力和氢气替代传统上用于矿石制钢的炼焦煤。中国宝武八一钢铁的富氢碳循环高炉试验项目已开始建设，该项目试验就是为了进一步转换冶炼动能的提取方式，由以前的燃烧碳变为燃烧氢，进一步减少碳使用、碳排放，甚至实现零排放。

虽然目前氢冶金尚处于试验阶段，还未具备商业化和产业化的条件。但可以预见的是，要实现钢铁冶炼的深度脱碳和钢铁行业的碳中和，关键性低碳技术的突破势在必行。

二、石化行业排放特点及关键碳减排技术应用

（一）排放特点

石化产业具有生产线长，涉及面广，产品丰富，与其他产业关联度高的特点。石化行业本身也是一个能源消费大户，更是碳排放大户。根据国家温室气体清单，2014 年我国石油化工行业二氧化碳排放约为 9.2 亿吨，占当年全国二氧化碳排放总量的 8%，对实现地方碳排放强度和碳排放达峰目标等

可能造成较大影响。

根据《中国统计年鉴（2020 年）》相关数据，2018 年石油、煤炭及其他燃料制造业在全国工业领域能源消费总量中占比为 9.22%，在制造业中位列第四，占比为 11.09%。

石化行业指以石油、天然气为主要原料，生产石油产品和石油化工产品的企业，包括炼油厂、石油化工厂、石油化纤厂等，或由上述工厂联合组成的企业。

石化行业排放源类别主要包括以下几个方面。

（1）燃料燃烧 CO_2 排放，主要为常压炉、减压炉、火炬、裂解炉、蒸汽锅炉、其他工业窑炉等直接燃烧化石燃料产生的 CO_2 排放。

（2）火炬燃烧 CO_2 排放，主要为正常工况下的火炬气燃烧及由于事故导致的火炬气燃烧。

（3）工业生产过程 CO_2 排放，主要为催化裂化装置、催化重整装置、其他生产装置催化剂烧焦再生、制氢装置、焦化装置、石油焦煅烧装置、氧化沥青装置、乙烯裂解装置、乙二醇/环氧乙烷生产装置、其他产品生产装置等在生产过程中产生的 CO_2 直接排放。

例如，催化裂化是石油炼制过程之一，是在热和催化剂的作用下使重质油发生裂化反应，转变为裂化气、汽油和柴油等的过程。在催化裂化工艺中，反应的副产物焦炭沉积在催化剂表面上，容易使催化剂失去活性，企业一般采用连续烧焦的方式来清除催化剂表面的结焦。对连续烧焦而言，烧焦产生的尾气有可能直接排放，这种直接排放中包括了 CO_2 的直接排放。

（4）CO_2 回收利用量：包括企业回收燃料燃烧或工业生产过程产生的 CO_2 作为生产原料自用的部分，以及作为产品外供给其他单位的部分，CO_2 回收利用量可从企业总排放量中予以扣除。

（5）净购入电力和热力隐含的 CO_2 排放。

（二）关键碳减排技术应用

石化行业碳减排技术主要有源头替代、过程减量、综合利用 3 类。

源头替代：低碳新能源技术代替传统化石燃料技术，减少排放温室气体物料的使用，如非常规天然气开发与利用技术、可再生能源技术、非粮生物燃料生产技术。

过程减量：采用节能减排增效技术，减少温室气体的排放。主要技术措施包括余热余压利用技术、装置热联合、装置本身能效提高、工艺改进提高生产效率。

综合利用：轻烃回收，二氧化碳捕集、利用和封存，碳化工技术，将排放的温室气体回收综合利用。

根据《应对气候变化国家研究进展报告》，在国内石化行业发展石脑油和轻柴油为原料的乙烯生产工艺，推广采用乙烯裂解炉空气预热技术，实现乙烯裂解炉大型化，2030 年 CO_2 绝对减排潜力 0.34 亿吨；回收利用烟气余热和低温热能、提高火炬气回收率，2030 年 CO_2 绝对减排潜力 0.15 亿吨；石化行业应用 CCS 技术，2030 年 CO_2 绝对减排潜力 0.14 亿吨[1]。

1. 源头替代

乙烯是石化行业中最重要的产品之一，乙烯的生产工艺主要有 5 种，分别为蒸汽裂解、煤制烯烃、甲醇制烯烃、费托合成、炼厂尾气。生产原料采用石脑油、轻柴油代替煤制烯烃，用干气代替燃料油作为加热炉的燃料，可以从源头上减少二氧化碳排放。

1）蒸汽裂解装置新技术

蒸汽裂解是生产乙烯、丙烯等低分子烯烃的主要方法，乙烯蒸汽裂解装置是化工行业龙头装置，同时也是整个石化产业链中最大的二氧化碳排放源之一。用可再生电力代替传统化石燃料来加热裂解炉，这一革命性新技术有望实现高达 90%的减排比例。

2）燃料乙醇生产技术

燃料乙醇一般以生物质为原料，通过生物发酵或酶解等途径获得，是清洁的高辛烷值燃料，也是优良的燃油改善剂。燃料乙醇是可再生燃料，将从根本上减少化石燃料的燃烧排放。

2. 过程减量

1）工艺余热回收

石化行业需要消耗大量的能源，有大量的热资源，主要采用蒸馏节能、高效换热器、装置之间热联合、高低温热回收利用、能量集成和回收等技术，降低能耗或提高能源使用效率。

---

1 科学技术部社会发展科技司，中国 21 世纪议程管理中心. 应对气候变化国家研究进展报告[M]. 北京：科学出版社，2013：77.

乙烯裂解炉是乙烯装置能耗大户，所消耗的燃料占乙烯装置总能耗的60%~80%。在满足乙烯装置裂解炉生产的前提下，利用乙烯装置区自身余热预热空气技术可大大降低乙烯裂解炉的能耗。可适用的低温余热有烯烃厂乙烯联合装置区的中低压蒸汽、蒸汽凝液、急冷水及伴热水等。该技术适用于裂解炉底部燃烧器。通过在裂解炉底部燃烧器处增设空气预热器加热入口空气，使进入炉膛的空气获得温升，降低裂解炉的燃料消耗，减少CO_2排放[1]。

2）反应精馏成套技术

反应精馏成套技术是在进行反应的同时用精馏方法分离出产物，该技术具有转化率高、选择性好、能耗低等优点，在酯化、水解、酯交换、叠合等过程中有着广泛的应用前景。相比于反应与分离各自独立的过程，反应转化率提高30%~50%；催化剂利用率提高80%~110%；选择性提高10%~40%；能耗降低20%~50%；产能提高20%~40%[2]。

3）火炬气回收

石化厂为了处理生产过程和事故状态下排放的可燃气体和可燃有毒气体，均采用火炬系统，通入该系统的气体白白烧掉，不仅浪费物料，而且还增加二氧化碳排放，对火炬气进行回收利用，可以减少能源消耗，降低碳排放。火炬气可采用在线回收和气柜回收两种技术。在线回收是将火炬气用压缩机抽吸压缩输送至燃料系统；气柜回收是先将火炬气储存在气柜，然后再输送到燃料气系统[3]。

4）结焦抑制技术

蒸汽裂解生产乙烯时，会在裂解炉辐射段炉管内表面和急冷锅炉套管内表面生产焦炭，这种高温条件下形成的焦炭是热的不良导体，会使炉管传热阻力增大，降低热效率，增加能耗，另外还可能堵塞炉管，造成炉管材质性能恶化，影响正常生产。为了保证生产，需要不断地进行除焦操作，而除焦会产生二氧化碳排放。结焦抑制方法分为以下几类：①改善炉管材质：如采用高性能合金炉管及陶瓷炉管等新型抗结焦炉管材料。②改善裂解原料：对裂解原料进行预处理和改质，降低芳烃含量、提高原料氢含量可有效减少结焦。工业上采用的裂解原料预处理主要包括加氢处理和芳烃抽提等工艺。

---

1 李宏冰，费伯成，等. 裂解炉空气预热器技术在乙烯装置的应用[J]. 当代化工，2017，46（1）：108-111.
2 工业和信息化部，石化化工行业鼓励推广应用的技术和产品目录，工信厅原函〔2021〕137。
3 吴艳，刘畅. 炼化厂火炬气回收技术发展现状[J]. 中国科技博览，2013，36：362-363.

③添加结焦抑制剂：向裂解原料或稀释蒸汽中添加适量结焦抑制剂，通过化学反应降低结焦速率、改变焦结构，或将焦炭催化汽化，达到减少结焦、延长裂解炉运行周期的目的。④强化传热：采用强化传热管，提高热效率，缩短物料在管内的停留时间，减缓炉管结焦[1]。

5）大型石化装置全流程智能控制关键技术及智慧能源系统

将互联网、大数据、人工智能与石油化工生产过程深度融合，解决石化生产装置中多变量、非线性、强耦合、纯滞后、间歇式和连续式控制并存、多约束和多目标调控等技术难题，提高石化生产装置智能化水平，该系统平稳率可达 100%、能耗降低 0.5%~10%[2]。智慧能源系统为石化企业水、电、气、热等提供大数据处理能力的一体化、可视化能源管理服务，为用户提供能源信息采集、存储、展示、计算和分析，自动按计划处理抄表、异常报告等日常能源管理实务，提升工作效率；通过大数据沉淀，挖掘节能潜力，降低能耗。

3. 综合利用

二氧化碳在石油化工上的开发应用有许多途径，亦是许多化工产品的合成原料，利用二氧化碳资源，在催化剂作用下与氢气、水、氧、氨等反应，生产甲醇、二甲醚、低碳烯烃、低碳醇、混合燃料、合成酯和羧酸、合成胺、甲酸及其衍生物、醛类等，或利用二氧化碳转化成一氧化碳制合成气等。二氧化碳转变为汽油单程收率为 26%，国外已建成合成燃料装置，由甲烷和二氧化碳制取清洁柴油、石脑油和石蜡。日本开发以二氧化碳和天然气为原料的两步法高效合成烃新工艺，反应的单程收率为 80%，合成的烃可简单分离得到汽油、柴油、煤油等。近年来，我国也开展二氧化碳加氢制烃类的研究，二氧化碳与甲烷重整生产的二氧化碳和氢气恰恰是合成油的比例。此外，还可利用二氧化碳制备碳酸酯、聚脲、聚氨基甲酸酯、聚酮、聚醚、聚酮醚酯、液晶聚合物等高分子化合物[3]。

1）碳捕集、利用和封存技术（CCUS）

中国石油化工集团的 CCUS 技术，包括低分压二氧化碳回收新技术，广泛用于天然气、合成气等气体中的二氧化碳捕集，所捕集的二氧化碳用于生

---

1 王红霞. 乙烯裂解炉及急冷锅炉结焦抑制技术研究进展[J]. 中国科技博览石油化工, 2012, 41（7）: 844-852.

2 工业和信息化部，石化化工行业鼓励推广应用的技术和产品目录，工信厅原函〔2021〕137。

3 王禹. 我国石化行业二氧化碳减排与低碳产业开发途径浅析[J]. 资源节约与环保, 2014, 1: 3.

产尿素、甲醇、合成气、食品级二氧化碳、EOR 等[1]。

2）配备 CCS 的甲烷蒸汽重整（SMR）制氢技术

甲烷蒸气重整（SMR）是工业上最为成熟的制氢技术，约占世界制氢量的 70%，其缺点是排放温室气体二氧化碳。SMR 结合 CCS，使用真空变压吸附法捕集来自重整装置的二氧化碳并封存。

三、化工行业排放特点及关键碳减排技术应用

（一）化工行业排放特点

化工行业是石油、煤、天然气三大能源的主要消耗行业，能源既是化工行业的动力和燃料，又是化工原料。化石原料贡献的不全是燃烧释放能量，而是化学反应和能源转换的耦合过程，有大量的碳通过化学反应进入产品中。化学工业流入边界的碳减去产品带出的碳为损失的碳，折算成二氧化碳即是化学工业的二氧化碳排放量。

化工领域所包含的行业种类繁多、数量庞大，且不同产业之间的差异较大，由于化工产品生产技术复杂、产成品多种多样，化工行业碳排放的评价比较难。即使同种产品，也可能由于工艺的不同，单位产品的碳排放强度存在大的差异。

化工行业排放源类别主要包括以下几个方面。

1. 燃料燃烧排放

燃料燃烧排放主要指化石燃料在各种类型的固定或移动燃烧设备（如锅炉、燃烧器、涡轮机、加热器、焚烧炉、煅烧炉、窑炉、熔炉、烤炉、内燃机等）中与氧气充分燃烧生成的 CO_2 排放。该部分化石燃料指各类燃烧设备作为燃料燃烧的化石燃料部分，不包括工业生产过程产生的副产品或可燃废气被回收并作为能源燃烧的部分。

2. 工业生产过程排放

1）原材料消耗产生的 CO_2 排放

原材料消耗产生的 CO_2 排放主要指化石燃料和其他碳氢化合物用作原材料产生的 CO_2 排放，包括放空的废气经火炬处理后产生的 CO_2 排放。化工行业的特点是化石燃料和其他碳氢化合物往往是生产原料，如有机化工的直

---

1 科学技术部社会发展科技司，中国 21 世纪议程管理中心. 应对气候变化国家研究进展报告[M].
  北京：科学出版社，2013.

接原料主要有 CH_4（甲烷）、C_2H_4（乙烯）、C_2H_2（乙炔）及 $CH_2=CH-CH_3$（丙烯）等，这些碳氢化合物用作原材料会产生 CO_2 排放。

2）碳酸盐使用过程产生的 CO_2 排放

碳酸盐使用过程产生的 CO_2 排放主要指碳酸盐使用过程（如石灰石、白云石等用作原材料、助熔剂或脱硫剂）产生的 CO_2 排放。

3）硝酸及己二酸生产等过程产生的 N_2O 排放

硝酸生产过程中氨气高温催化氧化会生成副产品 N_2O，环己酮/环己醇混合物经硝酸氧化制取己二酸会生成副产品 N_2O。根据 IPCC 第二次评估报告，100 年时间尺度内 1 吨 N_2O 相当于 310 吨 CO_2 的增温能力。

3. CO_2 回收利用量

CO_2 回收利用量主要指报告主体回收燃料燃烧或工业生产过程产生的 CO_2 并作为产品外供给其他单位，从而应予扣减的那部分二氧化碳，不包括企业现场回收自用的部分。

如果某些化工企业如氮肥厂回收 CO_2 作为产品外售等，则这部分 CO_2 不计入企业的排放总量。

4. 净购入电力和热力的排放

这部分的排放将按照企业净购入量计算排放量。

5. 其他温室气体排放

化工企业产品各类繁多，生产工艺复杂多样，需要各企业根据生产实际情况识别各个过程的排放源。

（二）关键碳减排技术应用

化工企业积极开展能源替代研究，以低碳新能源代替高碳能源，同时由于化工行业的特殊性，煤化工、电石等化工子行业产生的废弃物质通常是其他子行业如甲醇的生产原料，因此构建化工行业的产业链，把循环经济的思想运用到研发尾气利用装置中去，研制尾气回收利用和高效生产副产品的高新技术设备，构建产业链和循环经济，以实现能源、资源的循环运用，减少碳排放。

以二氧化碳为原料的一些新化工工艺正在加快发展之中，如合成氨等装置产生的二氧化碳可以生产尿素、水杨酸、甲醇、清洁燃料等产品。采用化工行业出现的新技术，从根本上对能源处理的各个阶段或某个具体的环节进行优化，如提高分离能力、裂解能力，降低反应温度等，提高生产效率，降低能源消耗，减少碳排放。

根据《应对气候变化国家研究进展报告》，推广实施烧碱工业电解槽节能改造、烧碱先进离子膜技术，2030 年 CO_2 绝对减排潜力 0.35 亿吨；纯碱工业采用先进的氨碱法生产工艺、联碱法生产工艺，2030 年 CO_2 绝对减排潜力 0.03 亿吨；先进的全密闭式电石炉、敞开式电石炉改造，2030 年 CO_2 绝对减排潜力 0.07 亿吨；大型天然气替代煤制合成氨装置、合成氨工艺综合改造技术、氨合成回路分子筛节能技术，2020 年 CO_2 绝对减排潜力 0.54 亿吨，2030 年绝对减排潜力 0.77 亿吨[1]。

1. 减碳节能新工艺

1）天然气制氨

合成氨工业能源消耗量约占我国化学工业能源消费总量的 25%，为化工五大重点耗能行业之首。合成氨生产在氮肥行业中处于上游，由于涉及燃料和能源的转化过程，占据了氮肥生产的主要能源消耗和 CO_2 排放来源，合成氨生产工艺按主要原料不同，可分为气头、煤头和油头工艺路线。根据原料结构，天然气合成氨的排放量较低，占合成氨行业 CO_2 排放总量的 12%；应该大力发展天然气合成氨，同时开展热电联产、蒸汽多级利用、余热回收，减少碳排放。

2）氯碱行业

氯碱生产采用电解法工艺，耗电量巨大，其碳排放主要来自电力。目前膜法盐水精制、膜法脱硝、膜（零）极距复极式离子膜电解槽、干法乙炔、低汞触媒、100 米以上大型聚合釜、氯化氢合成余热利用、盐酸深度解吸、PVC 聚合母液处理和电石渣综合利用等一批节能减排的新技术开始在行业内得到推广，国产化离子膜制造、氧阴极（ODC）电解槽、煤粉等离子体热解制乙炔等国际尖端技术的研发也在稳步推进[2]。

离子膜法电解制碱拥有耗能低、成本低和三废污染低及操作简便等优势。离子膜碱液仅含极微量的盐，在其整个蒸发浓缩过程中，即使生产 99% 的固碱，也无须除盐，极大地简化了流程设备。离子膜法碱液的浓度高，一般在 30%~33%，对碱液的浓缩蒸发非常有利，可大量减少浓缩所使用的蒸汽，减少能源消耗。

---

1 科学技术部社会发展科技司, 中国 21 世纪议程管理中心. 应对气候变化国家研究进展报告[M]. 北京：科学出版社，2013：77.

2 吴莉娜, 吴融权. 我国氯碱行业节能减排技术分析[J]. 2013，49（5）：39-45.

氯乙烯精馏尾气回收氢技术，在氯乙烯精馏尾气回收乙炔和氯乙烯后，采用变压吸附技术回收其中的氢气。适用使用变压吸附回收精馏尾气中氯乙烯和乙炔的电石法 PVC 企业改造项目，替代原有天然气制氢装置[1]，从而避免天然气制氢造成的 CO_2 排放。

3）纯碱行业

以联合制碱代替氨碱法。利用合成氨厂副产 CO_2 的特点，将氨碱两大生产系统组成同一条连续生产线，联合制碱法工艺原料利用率高、能耗低，废渣废液排量极少。而联碱法生产中新型变换气制碱则是典型的中国特色新工艺，该技术改传统的三塔一组制碱为单塔制碱，改内换热为外换热，降低了阻力，节约了能源。

4）高效合成、低能耗尿素工艺技术

采用全冷凝反应器的尿素合成高压圈、两段式工艺流程，设置简捷中压系统，降低了高压汽提塔负荷和中压蒸汽消耗，工艺能耗低于传统水溶液全循环法尿素装置和 CO_2 汽提法尿素装置。

2. 控制工业生产过程氧化亚氮排放

控制硝酸、己二酸产量，化解过剩产能，从源头上减少硝酸、己二酸生产导致的氧化亚氮排放；改进现有硝酸生产设施的生产工艺，推广采用二级处理法控制氧化亚氮排放；新建硝酸生产设施采用三级处理法氧化亚氮分解技术；对既有己二酸生产设施推广采用催化分解技术，鼓励新建己二酸装置使用热分解技术[2]。

3. 二氧化碳捕集技术

大型煤制油化工项目主要采用低温甲醇洗脱除 CO_2，如果设置 CO_2 产品塔，则可以获得体积分数 98%以上的 CO_2。

低温甲醇洗工艺以冷甲醇为吸收溶剂，利用甲醇在低温下对酸性气体（CO_2、H_2S、COS 等）溶解度极大的优良特性，脱除原料气中的酸性气体，是一种物理吸收法。低温甲醇洗工艺是目前国内外公认的最为经济且净化度高的气体净化技术，具有其他脱硫、脱碳技术不能取代的特点。

合成氨企业已广泛采用催化热钾碱法脱碳工艺技术。另外，还有多胺法脱碳技术、位阻胺（NCMA）法脱碳新技术、聚乙二醇二甲醚（NHD）等物理吸收法应用在各种脱碳工业装置中。

1　佚名. 氯碱行业节能减排适用技术. 设备管理与维修[J]. 设备管理与维修，2015（1）：1.
2　"十三五"非二氧化碳温室气体排放控制行动方案建议.

　　NCMA 法脱碳新技术，采用几种具有位阻效应的活性胺，复配组成复合胺溶液（MA 溶液）作为脱碳溶液。该新技术是在甲基二乙醇胺（MDEA）法脱碳技术的基础上，针对 MDEA 法脱碳技术的缺陷而开发的，具有物理吸收和化学吸收的双重性能，有良好的节能效果和较高的净化度[1]。

　　NHD 是一种耐热性好、化学稳定性好的无毒、无害、无溶剂腐蚀特性的高分子化合物，对炼厂气、煤化工合成气、天然气、油田气体等可燃性气体中的硫化氢、CO_2、羰基硫、硫醇等化合物都具有良好的吸收能力。吸附量达到饱和后的 NHD 溶剂，可以通过抽真空降压、升高温度实现吸附物质的脱离，从而实现溶剂的循环再生[2]。

四、水泥行业排放特点及关键碳减排技术应用

　　水泥是我国经济社会发展的重要基础原材料，广泛应用于土木建筑、水利、国防等工程，为改善人民生活，促进国家经济建设和国防安全起到了重要作用。"十三五"期间，我国建材行业转型升级，在技术创新与进步、提升发展水平、加快节能减排和绿色发展等方面取得了长足进步，但水泥工业仍然属于能源、资源密集型行业，是碳排放大户，减排任务艰巨，是发展低碳节能技术的重点对象。

（一）排放特点

　　水泥生产分为 3 个主要过程：①生料制备，即将石灰质原料、黏土质原料与少量校正原料经破碎后按一定比例配合、磨细并调配为成分合适、量质均匀的生料。②熟料煅烧，即将生料放在水泥窑内煅烧至部分熔融以得到以硅酸钙为主要成分的硅酸盐水泥熟料，该过程产生的 CO_2 占水泥工业总排放的 62%。此外，水泥工业化石燃料燃烧排放和生产用电排放分别约占总排放的 35%和 3%[3]。③水泥粉磨及出厂，即将熟料加入适量石膏、混合材料或添加剂共同磨细为水泥，并包装出厂。

　　碳排放最多的碳酸盐分解排放是将熟料煅烧过程中主要原料石灰石中的碳酸钙等碳酸盐分解生成 CO_2，该过程所产生的 CO_2 由熟料生产所用的石灰石、砂页岩、铁质原料等所含碳酸盐决定，使用非碳酸盐替代原料可以减

1 毛松柏. NCMA 法脱碳新技术及应用[J]. 化学工业与工程技术，2007，28（3）：1-3.
2 樊涛. NHD 脱硫脱碳工艺在合成氨装置的应用[J]. 中国石油和化工标准与质量，2019，24：211-212.
3 环保战略结合碳交易对水泥行业可持续发展的实践.

少碳排放。除此之外，水泥行业的碳排放主要来源于化石燃料的燃烧和生料制备、熟料煅烧及水泥粉磨等过程生产用电碳排放，主要的减排手段为减少能源投入和优化生产工艺。

（二）减排技术应用

总体而言，水泥工业碳减排技术从源头控制、工艺改善和末端治理 3 个方面开展。源头控制就是在水泥生产过程中尽量减少石灰石等原料、煤炭等化石燃料及电力的消耗。工艺改善是指通过采用先进的工艺与设备、改进生产管理、综合利用资源和循环使用废弃物的方式减少碳排放。末端治理是指在水泥生产过程的末端，针对产生的 CO_2 设计安装有效的治理技术，减少 CO_2 排放。

1. 燃料和原料替代技术

世界水泥可持续发展促进会（CSI）预计，到 2050 年，水泥行业将减排 0.79Gt 的 CO_2，其中能效提高占 10%，替代燃料占 24%，熟料替代占 10%。由于替代燃料的碳排放强度比煤低 20%～25%，因此可显著降低燃料燃烧产生的碳排放。我国水泥工业开展替代燃料技术研究起步较晚，目前热量替代率不到 2%，水泥生产严重依赖以煤炭为主的化石能源。我国替代燃料资源丰富，生产替代燃料可用的资源主要包括工商业和城市固体废弃物、废塑料、市政污泥、废轮胎等，提高化石能源替代比例具有较大潜力。此外，我国应用替代燃料的水泥熟料生产线数量不足 1%[1]，因此水泥工业在燃料替代方面仍然有较大的提升空间。根据中国水泥协会预测，在碳达峰、碳中和相关目标情况下，到 2030 年，我国水泥行业替代燃料热值替代率可达 6%，2060 年可达 45%，促进替代燃料产业化发展是推动当前热值替代率提高的关键。

在所有的生产工艺过程中，石灰石等碳酸盐原料分解产生的 CO_2 达到 90%，碳酸盐主要来自石灰质等原料。通常每生产 1t 水泥熟料需要消耗约 1.3t 的石灰质原料，这些原料经高温分解会产生约 42% 的 CO_2。《中国应对气候变化规划（2014—2020 年）》中指出，"水泥行业要鼓励采用电石渣、造纸污泥、脱硫石膏、粉煤灰、冶金渣尾矿等工业废渣和火山灰等非碳酸盐原料替代传统石灰石原料"。因此，水泥工业在原料替代方面还大有可为，应成为水泥工业碳减排的主要方面之一，不断加强原料替代方面的研究，

---

1 应用替代原料减少水泥行业 CO_2 排放实例分析。

持续提高替代技术的水平。目前，较为成熟的替代原料有电石渣、硅钙渣、高炉矿渣、粉煤灰、煤矸石、钢渣等，这些工业废渣含有氧化钙，但碳含量较低，替代石灰石等碳酸盐原料能够有效降低生产工艺过程中的 CO_2 排放。

2. 水泥窑协同处置技术

水泥窑协同处置技术是目前国内外水泥工业领域较为成熟的节能减排技术，该技术是将符合或者预处理后符合进入水泥窑要求的固体废物投入水泥窑中，在水泥熟料煅烧的过程中，将这些固体废物利用高温焚烧彻底分解，在这一过程中产生的热量被回收利用直接用于水泥的煅烧，可减少煤炭的使用量，而焚烧产生的灰渣可作为水泥生产的原料，从而替代部分矿石原料，减少因碳酸盐分解产生的 CO_2。水泥窑协同处置技术本质上是从燃料和原料两方面入手，通过降低化石燃料和碳酸盐原料的使用量来减少 CO_2 的排放，不仅可以降低水泥工业生产过程中的 CO_2 排放，同时还能安全、无害地解决生活垃圾、市政污泥等固体废物，实现了固体废物的循环使用，减轻了城市环境负荷。

3. 节能粉磨设备生产技术

在水泥生产过程中，单位产品的电耗有 60%～70% 是消耗在对原料、固体燃料和水泥熟料的粉磨上。因此，必须改变以球磨机为主要设备的粉磨工艺系统，大力采用性能优越、结构先进、能量利用率高的、以"料层粉碎原理"为主要特征的立式磨、辊压机及辊筒磨技术装备。通过采用节能粉磨设备及生产技术，能使粉磨系统节电 30%～40%，水泥单位产品的电耗降低 20%～30%，减少水泥生产过程中的 CO_2 排放。

4. 余热发电技术

纯低温余热发电，即将水泥熟料煅烧过程中由窑尾预热器和窑头篦冷机排出的废气发电用于水泥生产，该部分低温废气温度在 300℃ 以下，其热量约占水泥熟料烧成总耗热量的 33% 左右。余热发电节省了向电网的外购电，也就是减少了生产电网电力所引起的 CO_2 排放。

5. 碳捕获技术

碳捕获技术是水泥窑在排放 CO_2 时即将其捕集，然后压缩成液体，通过管道运输到地下深层永久封存。碳捕获技术可分为富氧燃烧捕获和燃烧后捕获。

富氧燃烧技术原理是利用空气分离装置将空气分离为 O_2 和 N_2，将分离

出来的高浓度 O_2 进行熟料煅烧。用这种高浓度的 O_2 代替空气会得到较纯净的 CO_2，只需要再经过净化和压缩后，即可以进行储存。为了维持适当的火焰温度，将一定量的富含 CO_2 的烟气再循环。由于水泥窑的富氧燃烧，所以可以提高窑的生产能力，增加替代燃料使用比例。

燃烧后捕获是指在燃烧后的烟气中进行捕获或者分离 CO_2。该技术是目前最佳燃煤和燃气机组大装机容量的脱碳技术，不仅适用于新建生产线，也适用于现有生产线的改造。烟气脱碳技术主要有化学吸收法、吸附法、膜分离法和钙循环法等。其中，化学吸收法和吸附法是指使用某种介质对 CO_2 进行吸收或者吸附，从而达到分离 CO_2 的目的；膜分离法是利用膜对气体的选择性渗透原理将 CO_2 分离出来；钙循环法是氧化钙与含有 CO_2 的烟气接触产生碳酸钙，随后在煅烧过程中再分解生成 CO_2 和氧化钙。

第三节　交通领域

交通运输业作为经济产值的主要贡献者之一，也造成了大量的能源消耗和 CO_2 排放。根据国际能源署提供的数据，全球碳排放量有近 23% 来自交通运输业的化石燃料燃烧，而且交通运输业的能源消耗以每年 43% 的增速增长，预计到 2035 年将会达到 32.6 亿吨标准煤[1]。随着交通运输业的发展，交通碳排放量也一直保持着较快的上升趋势。根据《中国统计年鉴》数据，如图 6-2 所示，我国交通领域能源消耗总量持续增加，自 21 世纪以来占全国能源总消耗量的比重显著提高。

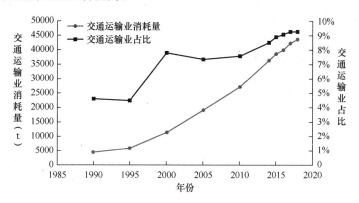

图 6-2　近年来我国交通领域能源消耗情况图

---

1 ZHANG C, NIAN J. Panel estimation for transport sector CO_2, emissions and its affecting factors: A regional analysis in China[J]. Energy Policy, 2013, 63(4):918-926.

一、排放特点

根据《中国统计年鉴（2020）》中交通领域的能源消耗量计算，2018 年各燃料对碳排放的贡献关系为：柴油>汽油>煤油>天然气>燃料油>煤炭。相比 1997 年各燃料的关系：煤炭>柴油>汽油>燃料油>煤油，发生了较大的变化。这十几年间，交通运输领域对化石能源的需求增加了 25%，对油气的依赖度有所提高。

交通领域能源的使用与运输距离、运输方式有着密切的关系。21 世纪的前 15 年，全球交通运输总能耗增加了 44%，碳排放量只增加了 33%，充分体现了能源效率的提高。其中，就运输方式看，全球交通领域碳排放量的 72% 来自道路车辆，占 1970—2016 年交通领域碳排放量的 80%[1]。其他交通运输方式，除铁路运输外，航运、海运等碳排放量均也有所增加。铁路运输由于电力机车的广泛运用，其实际碳排放量逐年下降。

此外，经济、科技、人口因素对交通领域碳排放影响较大。研究表明，经济、科技、城镇化、教育的发展水平和人均 GDP 对交通碳排放是正影响，经济、科技发展水平越高，交通领域所占的能源消费比例越大，碳排放量也就越大；当人均 GDP 达到一定程度时，交通领域所占能耗基本稳定在一定水平。从地理分布格局而言，交通碳排放量最高的是发达经济体和部分新兴经济体，而南亚、撒哈拉以南非洲的交通碳排放量相对较少。2016 年，交通领域碳排放量最大的十个国家分别是美国、中国、俄罗斯、印度、巴西、日本、加拿大、德国、墨西哥和伊朗，其交通碳排放量占到了当年全球交通碳排放总量的 54%[1]。

二、碳减排技术应用

（一）开发清洁能源

目前交通工具主要消耗汽油、柴油，可开发利用乙醇、沼气、天然气燃料、生物质燃料等替代传统燃料，积极研发推广自动汽车、超级高铁、氢动力飞机、个人电动车、电动水上交通工具等技术、产品，并逐步取代现有交通产品及技术。

其中，超级高铁是一种以"真空钢管运输"为核心，采用"磁悬浮+低

---

1 王俊文，任平阳. 欧盟积极推进交通领域减排[J]. 生态经济，2021，37（3）：1-4.

真空"模式，利用低真空环境和超声速外形减小空气阻力，通过磁悬浮减小摩擦阻力，实现超声速运行的交通系统。其具有超高速、高安全、低能耗、噪声小、污染小等特点。

氢动力飞机使用氢作为航空燃料，以氢作为一种主要推进能源，用于燃料电池在热（燃气涡轮）发动机中直接燃烧，或作为合成液体燃料组成部分，产生电能为电动机提供动力。其优势在于可完全消除飞行过程中的二氧化碳排放。

（二）提高动力燃烧的效率

通过节能技术可提高车辆运输及动力燃烧的效率，进而实现碳减排的目的。其中，在道路运输方面，推广新能源、油电混合车辆，并对发动机进行节能设计，推广汽车绿色驾驶和高效行驶技术；在轨道交通方面，推动铁路系统电气化，提高供电系统的储能反馈及利用效率，并提倡车辆轻量化、减量化设计，对牵引、辅助及控制系统进行高效节能设计；在航运方面，船舶通过优化设计、升级动力等技术提高营运效率，起重机采用油改电、势能回收、超级电容等节能技术，港口装备采用变频或直流驱动等技术，在干散货码头建设防风设施，并在船舶码头推广液态天然气及高效岸电技术；在空运方面，使用新型清洁能源和轻质替代材料，推广氢动力等零排放飞机的研发，大力建设地面电力装置替代飞机发动机辅助动力装置的绿色机场。

（三）搭建智能化、绿色化的交通网络

大力发展新能源交通、轨道交通、公共交通、步行和自行车交通等绿色化交通，推进零排放机场、高速铁路网络和港口建设，开发自行车基础设施，并依靠大数据及人工智能技术对交通体系进行动态化、实时化的碳排放监测、调控，根据城市交通量及出行分布合理设计路网结构和交通规划，挖掘道路网络潜能，优化交通运输结构性减排。例如，在客运方面，发展智能化公共交通，倡导绿色出行；在货运方面，推广多式联运、甩挂运输等高效运输方式，提高货运效率。

第四节 建筑领域

一、排放特点

2009 年，联合国环境规划署公布的数据显示，建筑业及其带动的其他生

产行业的能耗占全社会总能耗的 40%，全球 1/3 的温室气体排放与建筑相关[1]。在我国，建筑与工业、交通是能源消耗最多的三个领域，同时也是二氧化碳排放最多的三个行业。据统计，建筑领域的能耗总量占我国能源消费总量的比例超过 30%，预计 2030 年的份额将达到 40%左右，超过工业和交通行业，成为最大的耗能领域[2]。总的来说，我国建筑领域二氧化碳排放呈现以下特点。

（1）公共建筑能耗占比较大，2014 年公共建筑面积约 107 亿平方米，仅占建筑面积总量的 1/5，而能源消耗是 2.35 亿 tce，在建筑总能耗中占比达到 1/4。同时，公共建筑的能耗强度增长较快，2001—2014 年，公共建筑单位面积能耗从 16.5kgce/m^2 增长到 22.0kgce/m^2，能耗强度增长 33%。公共建筑规模不断增加，能耗强度不断上涨，但同时公共建筑也蕴藏着巨大的减排潜力[2]。

（2）随着中国城镇化的迅速发展，一方面大规模的建设活动消耗大量建材，这些建材的生产、运输等过程消耗了大量的能源，同时也排放了大量的二氧化碳，在我国全社会的能源消耗和二氧化碳排放中占有一定的比例；另一方面，不断增长的建筑面积也导致更多的建筑运行用能，加之随着经济社会的发展，人民的生活水平不断提升，使得采暖、空调、生活热水、家用电器等终端用能需求和产生的碳排放也不断上升。

二、碳减排技术应用

（一）太阳能光伏发电系统

太阳能光伏发电系统是利用太阳电池半导体材料的光伏效应，将太阳光辐射能直接转换为电能的一种发电系统。而太阳光辐射能是太阳内部氢原子发生氢氦聚变释放出的巨大核能，是一种取之不尽用之不竭的可再生能源，因此光伏发电也越来越多地应用于建筑领域，主要表现形式为在建筑楼顶表面或天台安装光伏板组件，为房屋供暖、照明及其他用电事项提供能量，达到减少电力或燃气使用的目的，降低二氧化碳的排放。

---

1 刘菁. 碳足迹视角下中国建筑全产业链碳排放测算方法及减排政策研究[D]. 北京：北京交通大学，2018.
2 张雨晴. 我国公共建筑领域碳排放交易机制构建研究[D]. 西安：西安建筑科技大学，2017.

（二）绿色节能建筑材料

绿色节能建筑材料是指使用先进的制造工艺生产具有绿色、节能、环保和良好性能等特点的建筑材料。建筑材料的制造和使用过程都会排放大量的二氧化碳，因此使用绿色节能的建筑材料有助于推动建筑行业节能减排，不但可以增强建筑的保温效果，减少空调损耗，还可以改善人们的生活、工作环境。目前，有多种绿色节能建筑材料，可回收性建筑材料是其中比较常见的一种，可取代从自然中开采的材料，形成新的建筑构件，并保持与传统材料相当的质量，如回收混凝土破碎生产出再生骨料，回收木材粉碎后用于木制品生产中的密度纤维板，回收聚苯乙烯泡沫塑料用作新塑料原料、面层或油漆，回收窗玻璃加入沥青作为反光道路涂料，或和混凝土结合成楼板和花岗岩台面。

（三）墙体节能保温技术

建筑结构外墙存在大量的热损耗，使用绿色节能建筑材料可以达到减少热损耗的目的，如果同时搭配墙体节能保温技术，可以进一步降低建筑的使用能耗。墙体节能保温技术分为内保温和外保温两类。

内保温节能墙体主要采用以下三种做法：①贴预制保温板；②将聚苯板粘贴在墙上，面层用石膏粉刷；③处理基层墙体界面后，将聚苯颗粒保温浆料直接涂抹或喷涂在其表面，制作抗裂砂浆面层。

和内保温墙体相比，外保温节能墙体弥补了其中很多缺陷，不会占据内空间，热工效率高，也有利于保护结构。目前，外保温做法已经成为节能墙体的主要技术，主要有以下几种：①聚苯（EPS）板薄抹灰外墙外保温系统，主要构成结构为薄抹面层、EPS板保温层、饰面涂面三部分；②EPS板现浇混凝土外墙外保温系统，主要用于现浇混凝土外墙施工中，优点在于可使保温板和墙体混凝土结合更加紧密，有利于减少黏结剂，缩短施工工期；③建筑保温绝热板系统（SIPS），其板材的中间主要采用聚亚氨酯泡沫或者是聚苯乙烯泡沫，可根据两面的实际情况选择合适的平板面层；④无机保温砂浆外墙外保温系统，操作简便、绿色环保、高度节能，且易存储，保温隔热性能较好，抗冲击、抗压、抗水等性能较好，也可有效预防墙体渗漏水、龟裂等问题。

外保温节能墙体除以上应用技术外，还有一种绿色生态花园式屋顶绿化系统。该系统由特选植物和特制营养配方土、改性PVC根阻型卷材、保温板、隔水层及附属配件组成，可用于混凝土屋面、钢结构屋面、木质屋面等，为建筑外墙披上植被绿衣。研究结果表明，有墙面绿植的建筑室内空气温度较无墙面绿植的室内温度约低 3℃，降温效果明显。

总而言之，墙体节能保温技术是使用具有保温、节能和良好建筑功能的材料，通过先进的施工技术将其附着于建筑墙体，从而有效减少建筑内部温度的变化，提高建筑的节能效果，降低空调、供暖、用电等化石能源的消耗，间接地减少二氧化碳的排放。

（四）冷顶

冷顶是一种秉持绿色、环保和低碳的原则通过反射热量和太阳光而达到节能减排作用的新型屋顶设计。该技术利用可反射涂层和特殊屋顶材料降低热吸收、反射热辐射，帮助房屋和建筑达到标准室内温度，减少对空调的依赖，降低电力等能源的消耗，间接减少电厂二氧化碳的排放。

（五）电子变色智能玻璃

电子变色智能玻璃是一种新兴技术，也是一种可持续建筑技术，可以阻挡太阳辐射的热量。智能玻璃可与建筑控制系统相结合利用，微小电信号对玻璃进行微充电，用户根据自身需要改变太阳辐射的反射量。利用该项技术，房屋和商用建筑可以节约大量的供暖、通风和空调成本。目前，该技术仍在不断完善中，在未来有可能作为智能节能技术广泛用于可持续建筑的设计与建造过程。

第七章

碳排放去除技术在碳中和领域的应用

实现碳中和不仅需要通过各种途径减少碳排放，还需要通过增强碳汇和发展碳捕集、利用和封存（CCUS）等技术来增加对温室气体的固定。CCUS技术通过捕集工业排放或大气中的二氧化碳，并将其利用或封存于地下，有助于减少大气中的温室气体浓度。同时，通过增强森林、草原、湿地等自然生态系统的碳汇能力，以及通过生物能源与碳捕集和存储（BECCS）等技术，可以进一步提升对二氧化碳的吸收和储存。此外，直接空气捕集（DAC）技术直接从大气中去除二氧化碳，而海洋碳汇和土壤碳汇能力的增强也为碳中和提供了支持。这些技术的结合使用，需要政策支持、技术创新和资金投入，以确保碳中和目标的实现，并推动经济向更可持续和低碳的方向发展。

第一节　碳汇及其在碳中和中的应用

碳汇是指能够吸收并储存本应释放到大气中的碳（温室气体）的自然或人工系统。在这些系统中，林业碳汇因其稳定性和易于人为控制而成为固碳能力最为显著的一种。森林通过光合作用吸收二氧化碳，将其转化为有机物质，长期储存在树木的生物量和森林土壤中。与此同时，海洋作为地球上最大的碳汇，通过其庞大的水体和生物活动，吸收和储存大量的二氧化碳，是拥有最大碳汇能力的载体。

除了林业和海洋碳汇，草原和湿地等生态系统也具有不可忽视的固碳潜力，这些碳汇的详细讨论在本书中未过多展开，但它们通过植被生长和其他生物地球化学循环过程，为减少大气中的温室气体浓度作出贡献，在应对气候变化和实现碳中和目标中扮演着关键角色。保护和恢复这些生态系统，增强其碳汇功能，对于缓解气候变化具有重要意义。

一、林业碳汇

森林是陆地生态系统的主体，是一个天然大碳库。近年来，我国持续推进国土绿化，森林面积增至 34.65 亿亩。虽然我国森林面积大，但树种树龄结构不尽合理，森林整体质量仍有较大提升空间。面对"双碳"目标，要持续提升森林质量，为森林碳库"增汇"。

林业碳汇是指利用森林生态系统的自然储碳功能，通过各种林业经营管理活动，如森林保护、湿地管理、荒漠化治理、造林及森林经营等，来吸收和固定大气中的二氧化碳。森林作为陆地生态系统中最大的碳库，在降低大气中温室气体浓度、减缓全球气候变暖方面发挥着独特且重要的作用。林木蓄积量每增长 $1m^3$，平均吸收 1.83t 二氧化碳，释放 1.62t 氧气，木材、竹材固碳储碳的能力非常强，符合绿色低碳发展要求。通过这些活动，森林能够稳定并增加植被和土壤中的碳储量，这些碳汇量在经过监测、计量和核证之后，可以作为碳信用参与碳交易市场。

林业碳汇项目通过市场化手段抵消企业温室气体排放，产生额外的经济价值，包括森林经营碳汇和造林碳汇两个方面。其中，森林经营碳汇针对的是现有森林，通过森林经营手段促进林木生长，增加碳汇。造林碳汇项目由政府、部门、企业和林权主体合作开发，政府主要发挥牵头和引导作用，林草部门负责项目开发的组织工作，项目企业承担碳汇计量、核签、上市等工作，林权主体则是获得收益的一方，有温室气体排放需求的企业购买碳汇。林业碳汇项目不仅有助于提高森林覆盖率和生物多样性，还能增强森林生态系统对气候变化的适应能力。

碳汇交易是一种市场化的环境经济手段，旨在通过市场机制减少温室气体的排放和增加碳汇。它允许那些能够减少碳排放或增加碳汇的项目运营者，通过出售碳信用额来获得经济回报。这些碳信用额代表了项目所避免或吸收的二氧化碳量。中国在林业碳汇项目方面的探索起步于国际碳交易的背景。2004 年，国家碳汇管理办公室在广西、内蒙古、云南、四川、山西、辽宁等地启动了林业碳汇试点项目。这些项目通过实施森林保护、植树造林等活动，增加了森林的碳储存能力。随着国内碳交易市场的逐步建立，碳汇交易被纳入中国核证自愿减排量（CCER）交易体系。林业碳汇项目的相关方法学也陆续备案，为碳汇交易提供了规范和依据。与风电、光伏等其他类型的减排项目相比，林业碳汇项目不仅能够减少碳排放，还能提供生物多样性保护、水土保持等生态环境效益，因此在碳市场中往往具有更高的价格。通过碳汇交易，林业碳汇项目能够获得必要的资金支持，推动更多的森林保护和植树造林活动，同时也为参与项目的各方带来经济上的激励。这种市场化的机制有助于调动社会各界参与碳减排和增加碳汇的积极性，促进碳中和目标实现。

（一）林业碳汇项目类型

国内林业碳汇市场主要包括 CCER（中国核证自愿减排量）林业碳汇项目、CGCF（中国绿色碳汇基金会）林业碳汇项目和区域级林业碳汇项目。和国际上的林业碳汇项目相比，这些林业碳汇项目的审核标准、技术标准和交易规则更加符合我国的实际情况。

1. CCER 林业碳汇项目

CCER 林业碳汇项目是中国核证自愿减排量体系中的重要组成部分。这些项目的主要目标是通过林业活动增加碳汇，助力国家实现碳中和目标。CCER 林业碳汇项目主要包括四大类型：碳汇造林、森林经营碳汇、竹子造林碳汇和竹子经营碳汇。

碳汇造林和竹子造林碳汇项目属于造林碳汇范畴，通常由政府牵头，联合部门、企业及林权主体共同实施。这些项目通过种植新的林木和竹子，扩大森林覆盖面积，提高生态系统的碳吸收能力。造林碳汇项目特别注重林权经营主体的收益，通过碳汇产生的收益归林权主体所有，这种模式激励了林权经营主体积极参与造林活动，为增加碳汇规模作出贡献。森林经营碳汇和竹子经营碳汇则属于森林经营性碳汇的范畴。这些项目通过科学的森林经营手段，如疏伐、间伐和森林更新等，促进现有森林和竹林的生长，提高其碳储存能力。与造林碳汇项目相比，森林经营碳汇项目更侧重于提升现有森林资源的质量和碳汇潜力。

总体而言，CCER 林业碳汇项目通过多样化的林业活动，不仅提高了森林的生态服务功能，还为参与方带来了经济收益，推动了林业可持续发展。这些项目的成功实施，对于促进中国林业碳汇交易市场的发展，以及实现国家碳减排和碳中和目标具有重要意义。

2. CGCF 林业碳汇项目

CGCF 林业碳汇项目是中国绿色碳汇基金会（China Green Carbon Foundation，CGCF）于 2010 年 7 月成立的一个项目，它代表了一种民间自发组织的碳汇活动模式。该项目以基金会的形式运营，主要聚焦于造林碳汇领域，提供一个平台，让企业、志愿者和所有有志于环保的人士参与植树造林、林业保护和森林公益活动中。

CGCF 项目的核心目标是通过这些活动促进森林资源的保护和合理开发，增加森林的碳汇能力。通过这种方式，项目不仅有助于减缓气候变化，还支持生物多样性的保护和农村发展。截至 2019 年，CGCF 基金会已经在全国范围内的 20 多个省、自治区和直辖市设立了绿色碳基金专项，开展了 30 多个林业碳汇项目。这些项目的实施已经实现了超过 10 万公顷的碳汇造林面积，显著提升了中国森林的碳吸收和储存能力。

CGCF 项目的成功展示了民间组织在推动国家碳中和目标方面的潜力和作用，同时也为其他组织和个人提供了参与国家环境保护和气候变化应对行动的途径。通过这样的努力，CGCF 基金会为中国乃至全球的森林碳汇贡献了重要力量。

3. 区域级林业碳汇项目

区域级林业碳汇项目是为了服务特定地区而设计的，它们通常具有地方特色并针对当地的具体情况和需求。这些项目体现了中国在林业碳汇领域的创新和多样性，如北京市的 BCER（北京环境交易所）机制、福建省的 FFCER（福建林业碳汇）机制、广东省的碳普惠制试点，以及贵州省推行的单株碳汇精准扶贫项目。这些项目的主要市场目标是本地区的碳交易市场，它们通过提供碳信用额来满足当地企业和其他参与者的减排需求。项目收益主要用于本地区森林资源的保护和开发，包括植树造林、森林经营、生物多样性保护等，旨在提升当地森林的碳汇能力，也促进了当地经济的发展和生态环境的改善。区域级林业碳汇项目虽然独立于全国性的林业碳汇市场，但它们为国家整体的碳中和目标提供了有益的补充。通过这些项目，地方政府能够更灵活地应对气候变化挑战，推动地方绿色发展和生态文明建设。此外，这些项目还有助于提高公众对气候变化和森林保护重要性的认识，鼓励社会各界参与碳减排和碳汇增加的行动中。

总体而言，区域级林业碳汇项目是中国多层次碳市场体系的重要组成部分，它们不仅有助于实现地方可持续发展目标，也为国家碳中和战略贡献了力量。通过这些项目，中国在探索适合不同地区特点的林业碳汇发展模式方面，为全球应对气候变化提供了宝贵经验。

（二）林业碳汇项目的特征

1. 依赖生态系统固碳功能，对土地用途有严格要求

这些项目通过森林的自然过程，即光合作用，吸收并储存大气中的二氧化碳，将碳转化为有机物质并积累在植被和土壤中。由于林业碳汇项目的开发和实施必须基于实际的森林用地，这就要求项目用地必须符合林业用途，并且在整个项目周期内保持稳定。

在中国，土地用途管理制度非常严格，任何土地用途的变更或经营方式的转变都需要经过政府的审核和批准。对于森林经营性碳汇项目，它们主要依托于现有的森林资源，因此项目所依赖的土地必须被划定为林业用地，并且在项目期间不能有大的变化。而造林碳汇项目则侧重于森林植被的建立、恢复和改善，这要求项目用地不仅要适合林业发展，还要有一个长期稳定的使用期，以确保能够覆盖项目的开发和运营周期。

2. 在国际上得到广泛认可和支持

这些项目通过造林和再造林活动，增强森林的固碳能力，对抗气候变化。在多个国际气候公约中，包括《联合国气候变化框架公约》《京都议定书》《巴黎协定》，这些活动被明确列为减少温室气体排放和增加碳汇的有效途径。

国际社会普遍认为，林业碳汇项目不仅有助于减缓全球气候变化的速度，而且对于保护和恢复生物多样性、改善地区气候、促进水资源的可持续管理等具有重要作用。此外，这些项目还与许多国家的可持续发展目标相契合，为实现环境保护和经济发展的双赢提供了可行路径。国际认可还意味着林业碳汇项目能够通过国际碳市场交易，使得项目开发者能够通过出售碳信用获得经济回报，这进一步激励了全球范围内的森林保护和恢复工作。通过这种方式，林业碳汇项目不仅有助于实现全球气候目标，也为项目参与方带来了经济和社会利益。

3. 在国内得到政策和市场的双重支持

这一特征体现了国家对于推动绿色低碳发展和实现碳中和目标的坚定决心。中国政府通过制定一系列政策措施和市场激励机制，如国家核证自愿减排量（CCER）项目和中国绿色碳汇基金会（CGCF）项目，来支持林业碳汇项目的发展。这些政策和机制不仅为林业碳汇项目提供了规范的管理和认证流程，还为项目开发者提供了明确的经济激励。

　　林业碳汇项目产生的碳信用被允许在碳市场上进行交易，这为参与林业碳汇项目的企业或个人带来了直接的经济回报。通过这种方式，林业碳汇项目能够吸引更多的社会资本投入，促进森林资源的保护和合理利用。同时，碳市场的运作也为那些需要减排的企业提供了灵活的选择，它们可以通过购买碳信用来抵消自身的碳排放，以较低的成本实现减排目标。

　　此外，政策和市场的支持还有助于提高公众对气候变化问题的认识，增强社会各界参与碳减排和碳中和行动的积极性。林业碳汇项目的实施，可以促进森林生态系统的恢复和保护，提高生态系统服务功能，同时为实现国家的生态建设和可持续发展目标作出贡献。

4. 能够带来多重效益，同时也伴随着较大的不确定性

　　这些项目不仅能通过吸收大气中的二氧化碳减缓气候变暖，还有助于生物多样性的保护、水土保持及提供休闲游憩空间等生态、经济和社会方面的益处。然而，林业碳汇项目的收益存在较大的不确定性，这主要是因为项目周期较长。林业项目通常需要多年时间才能达到成熟期，这期间可能会受到自然条件、市场变化、政策调整等多种因素的影响。从投资角度来看，项目周期越长，面临的不确定性和风险越高，导致收益的不确定性增加。

　　例如，国际范围内的清洁发展机制（CDM）、国际自愿碳标准（VCS）和黄金标准（GS）等林业碳汇项目，周期通常在五年以上，有的甚至超过十年。在中国，林业碳汇项目周期一般在三年左右，即使是周期较短的项目，如福建省林业碳汇减排量（FFCER）和广东省碳普惠制核证减排量（PHCER），也需要一年以上的时间。这种长周期带来的高收益不确定性，可能会影响投资者和项目开发者的积极性。为了降低风险，项目开发者需要进行细致的项目规划和风险评估，并可能需要寻求政策支持、保险机制或其他风险缓解措施。同时，政策制定者可以通过提供稳定的政策环境和激励措施，如税收优惠、财政补贴等，来鼓励和促进林业碳汇项目的发展。这些措施可以在一定程度上缓解林业碳汇项目的不确定性，促进其在应对气候变化和推动可持续发展方面的积极作用。

（三）林业碳汇项目开发要点

1. 方法学要求

　　方法学是用于确定项目基准线、论证额外性、计算减排量、制订监测计划等的方法指南，在林业项目开发中，扮演着举足轻重的作用。在第一个

CCER 时期（2013—2017 年），国家发展和改革委员会发布了 7 个林业碳汇相关的方法学（目前已失效）；在新的 CCER 时期（2023 年起），生态环境部印发了造林碳汇和红树林营造两项林业碳汇方法学并已生效。相关方法学普遍遵循保守性、透明性、可比性、降低不确定性、成本有效性的原则。在适用条件、土地合格性、项目边界、基线与额外性及碳汇计量监测等方面作出严格规定。值得注意的是，因为额外性的要求，已存在的森林碳储量并不等同于碳汇量，碳汇造林项目是在不符合森林定义的规划造林地上，通过人工措施营建或恢复森林的过程。无论是开发哪种类型的碳汇项目，都应严格执行方法学的要求。

2. 权属和产权确定

林业碳汇作为可交易的商品，必然涉及权属和产权问题。土地权属清晰、林木权属清晰是林业碳汇项目开发的重要前提。目前，普遍的做法是项目业主必须在项目开发初期提供县级以上人民政府核发的土地权属证明，如项目业主并不直接拥有土地所有权或林木使用权，可与实际权利人在法律允许的情况下，签署相关协议后，委托开发项目。但是，这并不意味着一些中介机构就可以跨过林地、林木所有者直接与地方政府签订协议，通过"合作"开发等途径来获取项目利益分成。这种行为已经违背了林业碳汇作为商品的产权属性。

3. 项目开发管理

我国林业碳汇项目开发的流程主要参考国际碳减排项目机制的流程，如联合国清洁发展机制（CDM）等。根据《温室气体自愿减排交易管理办法（试行）》，我国对温室气体自愿减排交易采取登记管理制度，包括项目登记和减排量登记。项目开发交易流程通常包括：项目建设评估—项目设计与建设—项目审定与登记—项目实施与监测—减排量核查与登记—减排量交易。与其他新能源与可再生能源项目相比，林业碳汇项目的开发管理具有减排量产出周期长、监测复杂和开发成本高等特征。这也导致其在 CCER 项目和减排量备案中较为稀缺。

（四）林业碳汇项目案例

1. 中国核证减排量（CCER）

2015 年，全国首个 CCER 林业碳汇项目——广东长隆碳汇造林项目获得国家发展和改革委员会减排量备案签发。该项目 2011 年在广东省 3 个县实施碳汇造林面积 8.7 平方千米，20 年内预计减排量为 34.7 万吨。目前，该项目所有减排量包括首期签发的 5208 吨 CCER 碳汇，由控排企业广东省粤电集团以每吨 20 元的单价签约购买用于履约。此项目的成功开发和交易，为我国 CCER 林业碳汇项目提供了可贵的经验和示范。

2. CGCF 农户森林经营碳汇交易项目

为促进集体林权制度改革后的森林经营和林农增收，中国绿色碳汇基金会与浙江农林大学于 2014 年开发了《农户森林经营碳汇项目交易体系》。该体系参照国际规则，结合我国国情和林改后农户分散经营森林的特点及现阶段碳汇自愿交易的国内外政策和实践经验，以浙江省杭州临安区农户森林经营为试点，研制建成了包括项目设计、审核、注册、签发、交易、监管等内容的森林经营碳汇交易体系。该体系明确了政府部门的管理角色，科研部门提供技术服务，第三方对项目进行审定核查、注册以确保碳汇减排量的真实存在，最后托管到华东林权交易所进行交易。

首期 42 户农民的森林经营碳汇项目 4285 吨减排量由中国建设银行浙江分行购买，用于抵消该行办公大楼全年的碳排放，实现了办公碳中和目标。这是林改后农户首次获得林业碳汇交易的货币收益，虽然交易量不大，但对促进林业生态服务交易提供了有益借鉴。

3. 区域级林业碳汇项目

广东省发展改革委发布《广东省碳普惠制试点工作实施方案》《广东省发展改革委关于碳普惠制核证减排量管理的暂行办法》，2019 年 11 月 28 日举行韶关市始兴县等 3 县（市、区）24 个省定贫困村林业碳普惠项目在广州碳排放权交易所进行竞价交易，共有 6 家机构和个人会员参加。韶关市始兴县等 3 县（市、区）24 个省定贫困村林业碳普惠项目共计 196643 吨，以 32.02 元/吨成交。

二、海洋碳汇

海洋作为地球上最大的活跃碳库，在应对气候变化方面发挥着至关重要的作用。它储存了地球上绝大多数的二氧化碳，并且每年吸收和清除大量人类活动排放的二氧化碳，显示出其在碳循环和全球气候调节中的核心地位。海洋碳汇的储碳周期远长于陆地生态系统，能够将碳封存数百甚至数千年，这使得海洋在全球碳循环中扮演着长期且稳定的碳汇角色。

中国拥有广阔的海岸线和丰富的海洋生态资源，海洋碳汇建设的潜力巨大。然而，与林业碳汇相比，中国的海洋碳汇开发和管理还处于相对初级阶段。目前，海洋碳汇相关的规章制度和行业规范尚不完善，海洋碳汇市场尚未完全形成。为了充分利用海洋碳汇的潜力并推动其发展，可采取以下措施。

（1）加强海洋碳汇研究，提高对海洋储碳机制和能力的认识。

（2）制定海洋碳汇相关的政策和标准，为海洋碳汇项目的开发和管理提供指导。

（3）推动海洋碳汇项目建设，如海洋保护区建设、红树林恢复、海洋生态修复等，以增强海洋生态系统的碳汇功能。

（4）探索将海洋碳汇纳入碳交易市场，与林业碳汇等形成协同效应，构建一体化的碳汇体系。

（5）增强公众和利益相关者对海洋碳汇重要性的认识，鼓励社会各界参与海洋碳汇的保护和建设。

（一）海洋碳汇的特征

海洋碳汇的特征体现在其作为地球上最大的活跃碳库，具有巨大的碳吸收和储存能力。然而，人类活动如海岸富营养化、填海造陆、海岸工程和海岸城市化等，已经对海洋碳汇产生了负面影响，导致其固碳能力下降。因此，恢复和增强海洋碳汇的关键在于海洋生态的修复和保护。

海洋养殖是增加海洋碳汇的有效途径之一。通过发展贝类、藻类等水产品的养殖，可以利用这些生物对浮游植物的吸收作用，捕获海水中的碳元素。当这些水产品被收获并离开海洋碳循环时，便实现了碳的固定。此外，海藻和海草的养殖，不仅有助于环境优化，还能为可持续的海洋能源供应作出贡献。滨海湿地保护是另一个重要的增汇模式。通过制定和实施专门政策，保护海草牧场、盐沼和红树林等滨海湿地的生态环境，可以充分发挥这些生态系统的碳汇功能。这些湿地生态系统在固碳方面具有重要作用，是海洋碳汇的重要组成部分。污染排放控制是恢复海洋碳汇能力的另一项关键措施。通过减少污染物的排放，可以帮助海洋环境恢复其自然状态，增强其碳汇能力。这包括减少陆地来源的污染物流入海洋，控制海上活动对海洋环境的影响。

海洋碳汇的增加需要综合考虑生态恢复、海洋养殖、滨海湿地保护和污染排放控制等多个方面。通过这些措施，提高海洋的固碳能力，对抗气候变化，促进海洋生态系统的健康和可持续发展。

（二）海洋碳汇的发展路径

海洋碳汇的发展路径是一个全面而复杂的系统工程，它要求从生态保护、生态修复、污染控制到市场化机制等多个方面进行综合考量和协调。这一路径的核心在于通过科学规划和合理管理，实现海洋生态系统的健康和可持续发展。

1. 生态修复

生态修复的关键在于恢复和保护那些对碳储存至关重要的关键生态系统。红树林、海草床和滨海湿地等生态系统虽然占地面积不大，但它们在固碳方面扮演着非常关键的角色。这些生态系统通过自然过程吸收和储存大量的二氧化碳，对于缓解全球气候变化具有不可替代的作用。为了保护和增强这些生态系统的碳汇功能，必须建立一个陆海统筹的协同机制。这种机制能够减少人为活动对海洋碳汇的负面影响，如通过减少海岸富营养化、控制填海造陆和海岸工程等人为干扰，降低对海洋生态系统的破坏。通过这种方式，可以维护和提升生态系统的健康状态，增强其对气候变化的适应能力和碳汇能力。此外，生态修复还包括对受损生态系统的恢复工作，如重新种植植被、恢复自然水文条件、控制入侵物种等，这些措施有助于恢复生态系统的结构和功能，进而提高其固碳能力。生态修复不仅有助于提升生物多样性和生态系统服务，也是实现区域可持续发展和应对气候变化的重要手段。

2. 生态补偿机制

生态补偿机制在海洋碳汇发展中扮演着至关重要的角色，它通过提供经济激励来促进各方面力量参与到海洋碳汇的保护和建设工作中。这种机制的核心在于确保海洋生态系统的保护和恢复工作不仅得到资金上的支持，而且获得科学研究和技术上的推进。经济激励措施可以包括直接的财政补贴、税收优惠、奖励机制等，旨在鼓励个人、社区、企业和政府机构参与到海洋保护项目中。这些激励措施有助于提高各方对海洋碳汇重要性的认识，并激发他们在实践中采取积极行动。同时，生态补偿机制还强调对科研项目的支持，通过资助相关研究，推动海洋碳汇功能和提升方法的深入理解。这包括对海洋生态系统固碳能力、碳循环过程及碳汇项目的环境和社会效益等方面的研究。此外，生态信息监控体系的建设也是生态补偿机制的一个重要组成部分。建立和完善这一体系，可以对海洋碳汇项目进行有效的监测、评估和管理，确保项目的实施效果和长期可持续性。这涉及数据收集、分析和共享，以及对项目进展和影响的定期审查。生态补偿机制通过多方面的努力，旨在构建一个综合性的框架，以促进海洋碳汇的保护和增强，为应对全球气候变化和推动可持续发展作出贡献。

3. 海洋碳汇交易

海洋碳汇交易作为一种市场化机制，对于推动海洋碳汇的发展具有决定性作用。它通过在现有的碳交易市场框架内制定合理的交易规则，有效地引导资金和资源流向海洋碳汇的建设和保护工作。这种机制的实施是一个分阶段的过程，旨在逐步将海洋碳汇纳入碳排放治理的核心体系。

在初始阶段，将重点放在生态补偿和科学研究上，确保对海洋碳汇潜力和价值的准确理解和评估。这需要对海洋生态系统的碳储存能力进行深入研究，并建立相应的科学基础和评估方法。随着市场的成长，再将重点转向市场体系的建设，包括碳汇的监测、评估和交易流程的完善。这一阶段需要建立透明的交易规则和监管机制，确保海洋碳汇交易的公正性和有效性。进入国际化发展阶段，海洋碳汇交易将拓展至全球市场，利用已有的系统成果，积极参与国际气候治理，争取更大的国际话语权。这不仅有助于提升海洋碳汇项目在全球碳市场中的地位，也促进了国际社会对海洋碳汇重要性的认识和参与。此外，海洋碳汇交易还包括探索基于碳排放权交易的市场化治理路径，鼓励社会各界的广泛参与。通过将经过规范量化的海洋碳汇纳入交易系统，提高全社会对海洋碳汇重要性的认识，并激发更广泛的社会参与。海洋碳汇交易的发展是一个逐步推进的过程，它需要政策支持、科学研究、市场机制和国际合作的共同作用，以发挥海洋碳汇在应对气候变化和促进可持续发展中的潜力。

4. 海洋碳汇评估

海洋碳汇评估对于确保海洋碳汇项目科学性和有效性至关重要，它要求建立一个全面而系统的监控和评价体系。这一体系的建立，首先需要增加对海洋碳汇基础研究的投资，深化对海洋生态系统固碳能力的理解，并探索提升其碳汇潜力的方法。此外，构建一个国家级的海洋碳汇信息共享平台至关重要，该平台能够整合和共享来自不同来源的数据，提高海洋碳汇评估的透明度和可访问性。通过实现多源数据的联通，该平台将支持更精准的海洋碳汇测量、报告和核查（MRV）工作。同时，鼓励国内外的科研机构、政府部门、企业及公众参与到海洋碳汇的分析和评价中来，可以集合多方智慧，促进知识共享和技术交流。这种广泛的参与不仅有助于提升评估工作的质量和公信力，也有助于形成全球性的协作网络。

提高评估的准确性和可靠性是确保海洋碳汇项目成功的关键。准确的评估结果可以为政策制定、项目投资和市场交易提供坚实的科学基础。这对于海洋碳汇的保护、开发和交易至关重要，有助于实现海洋碳汇项目的经济效益和生态效益最大化。最终通过这些综合性措施，海洋碳汇评估将为推动海洋碳汇的可持续发展和国际合作提供支持，为全球气候行动贡献力量。通过科学评估和合理管理，海洋碳汇项目能够在全球碳减排和生态系统保护中发挥更加重要的作用。

第二节　碳捕集、利用和封存技术

碳捕集、利用和封存（CCUS）技术是指将CO_2从排放源中分离后捕集、直接利用或封存以实现CO_2减排的过程，主要包括碳捕集、输送、封存和利用技术。CCUS是一项综合性技术方案，用于减少大气中的CO_2浓度，对抗气候变化。该技术涉及从工业过程或能源利用中分离CO_2，然后通过不同的方式利用或安全封存，以实现CO_2的永久减排。CCUS技术流程包括捕集、运输、利用和封存环节。捕集环节主要通过燃烧前、燃烧后和富氧燃烧技术实现CO_2的分离；运输环节则通过管道、船舶等将CO_2运至目的地；利用环节采用工程技术手段将CO_2转化为有用产品或资源，包括矿物碳化、物理、化学和生物利用；封存环节则通过地质或海洋封存技术，将CO_2长期隔离于地下或深海，达到减排效果。尽管CCUS技术具有巨大潜力，但其发展和应用仍需克服技术、成本、环境风险和政策等方面的挑战。

一、碳捕集

碳捕集是指将CO_2从工业生产、能源利用或大气中分离出来的过程，主要分为燃烧前捕集、燃烧后捕集、富氧燃烧和化学链捕集。这一过程可以通过多种方式实现，包括燃烧前捕集、燃烧后捕集、富氧燃烧和化学链捕集等。通常，从工业废气流中捕集CO_2（点源碳捕获）更为容易，因为这些源头的CO_2浓度较高，目前大多数工业规模的碳捕集项目都采用这种方法。尽管如此，直接从大气中捕集CO_2（直接空气捕获）虽然面临更高的成本和技术挑战，但它具有更大的潜力，能够更有效地减少大气中的CO_2浓度。随着技术的发展和成本的降低，直接空气捕获技术有望在未来的碳减排策略中发挥越来越重要的作用。

（一）点源技术

在点源 CCUS 技术中，水泥和钢铁生产、化石燃料制氢、垃圾焚烧和发电等行业产生的 CO_2 在排放到大气之前就能够被捕获；然后，被压缩到超过 100 个大气压，注入到地下 1000m 以下的多孔岩石层中，在不透水的岩石下，保存数万年到数百万年。CO_2 也可以被纳入建筑材料等产品中并长期储存。通过不同的工程方法，可以有效地从点源捕获 CO_2，捕获水平超过 90%。成本为 10~100 美元/吨 CO_2。尽管成本高于绿地项目，但碳捕集设备可以改造自现有的基础设施，同时实现净零策略。

1. 水泥

传统水泥制造涉及将碳酸盐原材料（通常为石灰石碳酸钙）在回转窑内高温加热。高温"煅烧"会产生氧化钙和 CO_2。另外，燃料燃烧（通常为煤或天然气）产生热量推动上述转化反应也会产生 CO_2。碳酸盐是硅酸盐水泥的关键成分。硅酸盐水泥被广泛应用于全球的建筑行业中。即便采用生物源或其他低碳燃料供热，水泥煅烧反应还是约有 50% 的排放。这些排放对于生产氧化钙的化学反应至关重要。水泥行业占全球 CO_2 排放量的 8%，其中煅烧约占 4%。尽管已经有水泥的替代产品，但部署速度缓慢。因此，解决水泥行业排放问题对于实现净零世界至关重要。水泥窑烟道气是实施 CCS 的良好对象。烟道气的 CO_2 浓度一般为 14%~33%，比传统燃煤排放的 CO_2 浓度高。此外，由于其 CO_2 纯度高，捕集的能源强度更低。否则，就需要加大处理力度，来清除水泥粉尘等污染物。

2. 钢铁

位于阿布扎比的阿联酋钢厂自 2016 年以来一直在用溶剂捕集法进行碳捕集和封存。CO_2 的产生源自直接还原铁装置（DRI，即将铁矿石转化为用于炼钢的铁元素）中用作还原剂的煤炭或天然气。该钢厂每年大约捕集 80 万吨 CO_2，通过管线运输用于 EOR。其他项目也在研究改变炼钢基本工艺以促进 CO_2 减排。塔塔钢铁公司的 Hisarna 工艺是一项新技术。该技术不仅能提升能效，降低炼钢的排放强度，还能提高 CO_2 浓度，更利于捕集。

（二）结合碳封存的直接空气捕集（DACCS）

DACCS 设施从大气中直接捕集 CO_2 的捕集方式有几个关键优势。

● 捕集工厂可以放在风能充沛的地方，降低风力发电机运行成本。

● 捕集工厂可以放在有可再生电力的地方。

从大气捕集 CO_2 比从其他来源捕集 CO_2 更难，因为大气 CO_2 浓度稀薄，大约为 0.04%（400ppm），仅为一座气电站烟气中 CO_2 浓度的百分之一。相比 CO_2 浓度更高的排放源来说，从 CO_2 浓度如此之低的大气中浓缩 CO_2 所消耗的能源要高得多。

加拿大碳工程公司开发了一种使用液态氢氧化钾溶剂吸收大气中 CO_2 的 DAC 技术。通过化学反应，CO_2 被捕集并变为碳酸盐，提取出来形成颗粒状，然后煅烧（加热分离 CO_2）释放出纯 CO_2。整个工艺所需能源来自外部提供的可再生电力或者天然气燃烧。如果使用天然气，那么燃烧释放的 CO_2 在工艺流程中就被捕集和封存，因此实现了负排放。这种工厂可以灵活使用电力或天然气运行。

西方石油的子公司 Oxy Low-Carbon Ventures 计划建设商用规模的 DAC 工厂并使用碳工程公司的工艺。瑞典的 Climeworks 和美国的 Global Thermostat 采用了不一样的 DAC 方法。它们的技术依靠专利固态吸收材料从空气中吸附 CO_2。一旦吸附剂达到 CO_2 饱和，将对其加热实现 CO_2 解吸。这是变温吸附（TSA）工艺的一种形式。变温吸附在工业使用中有很长历史，但这是首次应用于 DAC。这两家公司的变温吸附工艺也从大气中捕集大量的水，因此产生了清洁水这种有用的副产品。

二、碳利用

碳利用是 CCUS 技术中将捕集的 CO_2 转化为有用产品或资源的过程，它包括矿物碳化、物理利用、化工利用、电化学转化、生物利用、地质封存利用、深海封存及在建筑行业的应用等多个方面。CO_2 的利用提供了一种将温室气体转化为有用产品的方法，这些产品范围从燃料、化学品、建筑材料到聚合物等。尽管捕获的 CO_2 目前主要用于地下储存或用于提高石油采收率（EOR），但它作为工业原料的潜力是巨大的。CO_2 可以经过化学转化，生成多种类型的产品：作为燃料和能源产品，如甲醇、甲烷和合成气等，这些产品在使用后可能会迅速释放碳，但它们是碳中和策略的一部分；作为建筑材料，CO_2 可以经化学反应生成碳酸盐从而固化 CO_2，如水泥生产过程中生成碳酸钙，不仅有助于减少 CO_2 排放，还能提高混凝土的耐久性；作为化学产品，CO_2 可以转化为各种化学产品，如聚碳酸酯、有机碳酸盐和尿素等，尽管这些转化过程通常需要催化剂和特定的反应条件，但它们为 CO_2 的资源化利用提供了广泛的应用前景；作为生物材料，利用微生物转化技术，CO_2 可以被转化为生物质或生物燃料，通常经过特定的微生物发酵过程将 CO_2 转化为有价值的生物基产品。

然而，CO_2 作为一种非常稳定的分子，其转化为有用产品的过程需要较高的能量输入，这在一定程度上限制了其应用的广泛性。为了克服这一挑战，全球的创新公司正在开发新技术以提高 CO_2 转化的能效。随着廉价可再生能源的日益普及，CO_2 的利用正逐渐成为一个商业上可行的产业。这些技术的进步和能源成本的降低有望推动 CO_2 利用技术的发展，使其成为减少温室气体排放、实现碳中和目标的有效途径之一。

三、碳封存

CO_2 的封存，通常称为碳封存，是碳捕集、利用和封存（CCUS）技术流程中的关键环节。这项技术涉及将捕集到的 CO_2 长期安全地保存起来，避免其排放到大气中，对抗气候变化。CO_2 的封存可以通过多种方式实现，包括地质封存、地表封存和海洋封存。

地质封存是一种将 CO_2 长期安全地储存于地下深处的技术，它通过模仿自然界储存化石燃料的原理，将 CO_2 注入特定的地质构造中。这些地质环境，如旧油气田、难以开采的煤层、深层咸水层等，必须具备合适的盖层、储集层和圈闭构造，以确保 CO_2 能够有效地封存，防止其泄漏回地表或迁移至其他地区。在这样的条件下，CO_2 可以在地下安全地封存数千年甚至上万年，从而减少大气中的温室气体含量，对抗气候变化。全球范围内，已有多个 CO_2 地质封存项目在进行，这些项目不仅证明了技术的可行性，还为未来的碳减排和碳中和目标提供了实际的解决方案。随着技术的发展和经验的积累，地质封存有望成为全球应对气候变化的关键技术之一。

地表封存是一种将 CO_2 转化为固体碳酸盐的长期稳定封存方法。这一过程涉及 CO_2 与金属氧化物发生化学反应，生成的碳酸盐矿物由于其稳定性，能够在地质时间尺度上安全地储存 CO_2，时间可达千年以上。这种封存方式具有监管成本低的优点，因为它减少了对长期监测的需求。然而，地表封存技术目前尚未完全成熟，面临一些挑战；操作成本相对较高，因为这一过程需要大量的能量和原材料。此外，环境影响问题也需要仔细考量，包括与化学反应相关的副产品处理和可能对当地生态系统的影响。

海洋封存是一种将 CO_2 长期隔离的方法，它利用海洋巨大的容积和 CO_2 在水中的溶解度。通过将 CO_2 注入深海，这些气体可以在深海的高压和低温条件下以液态或超临界态存在，从而与大气长期隔离，可能达数百年甚至数千年。这种封存方式的优势在于海洋的潜在封存容量极大，据估计海洋可以封存比当前大气中 CO_2 含量高得多的量。然而，实施海洋封存需要谨慎考虑其对海洋生态系统的影响。增加海水中的 CO_2 浓度可能会导致海水酸化，影响海洋生物的钙化过程、繁殖、生长和迁移能力，进而对整个海洋生态系统产生负面影响。为了确保海洋封存的安全性和有效性，需要进行细致的科学研究和环境影响评估。这包括监测 CO_2 在海水中的溶解和分散过程，评估其对海洋环境的长期影响，制定严格的技术规范和操作标准。

在中国，CO_2 地质储存技术研究与工程示范已取得初步进展。例如，鄂尔多斯 CO_2 地质储存示范工程就展示了这一技术的可行性和地质安全性。此外，CO_2 储能（CCES）作为一种新型储能技术，具有高循环效率、低建设难度、长运行寿命、低系统成本等特点，并且可以与碳捕集技术紧密结合，为实现"双碳"目标提供了新思路。

反侵权盗版声明

电子工业出版社依法对本作品享有专有出版权。任何未经权利人书面许可，复制、销售或通过信息网络传播本作品的行为；歪曲、篡改、剽窃本作品的行为，均违反《中华人民共和国著作权法》，其行为人应承担相应的民事责任和行政责任，构成犯罪的，将被依法追究刑事责任。

为了维护市场秩序，保护权利人的合法权益，我社将依法查处和打击侵权盗版的单位和个人。欢迎社会各界人士积极举报侵权盗版行为，本社将奖励举报有功人员，并保证举报人的信息不被泄露。

举报电话：（010）88254396；（010）88258888

传　　真：（010）88254397

E-mail：　dbqq@phei.com.cn

通信地址：北京市万寿路 173 信箱

　　　　　电子工业出版社总编办公室

邮　　编：100036